1時間目

確率って何？

STEP 1

身近にある いろんな確率

世の中で，確率はどのように役立てられているのでしょうか？ここでは，意外なものから日常生活におこりうるものまで，いろいろな確率を紹介します。

確率は，物事のおこりやすさをあらわす

先生，今日は**確率**について，知りたくてやってきました！確率を理解していると，ギャンブルにも有利だと聞きました！

確率をマスターして，大もうけしたいです！（ぐふふふ）。

うーん，確率を知ったらきっと，ギャンブルなんてやらなくなると思いますけどね……。
まぁ，いいでしょう。確率について，これからくわしく説明していきましょう！
確率はギャンブルだけでなく，身近なところでも活躍しているんですよ。

確率って言葉は，普段よく使いますね。
降水確率とか毎日ニュースで見ていますし，それから**地震がおきる確率**なんてのもやっていました。
感覚的にはぼんやりとはわかるんですけど，
確率って，何なのでしょうか？

確率とは何か？　それはずばり**おこりやすさの程度を数値化したもの**です。

おこりやすさの程度？

世の中は，**偶然に支配された出来事**であふれています。未来の出来事は，まさに「神のみぞ知る」というしかありません。しかし，数学的な計算を行ったり，これまでにおきた出来事を分析したりすることで，「ある出来事が，どれくらいおこりそうか」という程度を数値であらわすことはできます。それを，私たちは**確率**とよんでいるんです。

ある出来事が，どれくらいおこりそうか……。

はい。確率は，**0～1の値**であらわされます。
0に近いほどおこりづらく，1に近いほどおこりやすいことを意味します。
$\frac{1}{2}$のような**分数**，あるいは50％といった**百分率**であらわされることも多いですね。

「2分の1の確率」とか「降水確率50％」とかですね。

確率には，「数学的確率」と「統計的確率」がある

確率には，厳密にはいくつか種類があります。
学校で習うのは主に，**数学的確率**などとよばれるものです。

数学的確率？

はい。これは**理論的に計算で求める確率のことです。**たとえば，サイコロを投げて**偶数の目が出る確率**を考えてみましょう。サイコロの形状が完全に対称で，目の出やすさにかたよりがないとします。
すると，サイコロの目は，1～6の六つ。そのうち偶数は，2，4，6の三つなので，**偶数が出る確率は**$\frac{3}{6}=\frac{1}{2}$と計算で求められます。これが数学的確率です。
数学的確率のくわしい求め方は2時間目で紹介しますよ。

それくらいならラクショーです！

ここで重要なのは，サイコロの目の出やすさが完全に同じである，ということです。もし少しでもかたよりがあったら，計算で確率を求めるのは不可能です。
でも，そんなときでも，どの目がどれくらい出やすいか，知る方法があります。

えっ!?　計算じゃ求められないものでも？

はい。その方法とは，何度もサイコロを振って，**統計データから出目の確率を求める方法です。**
実際に1000回サイコロを振って，400回偶数が出たとすると，サイコロの偶数が出る確率は $\frac{400}{1000}=\frac{2}{5}$ となります。
このような確率を**統計的確率**などといいます。
次のような式で求められます。

$$統計的確率 = \frac{実際におきた回数}{試行回数}$$

実際の過去のデータから，確率を求めるわけですね。
数学的確率よりも簡単そう。

そうですね。計算で確率を求められない場合は，非常に重要になります。
たくさんの統計データから求めた，ある事柄の確率は，状況が変わらなければ，今後も同じであると予想できます。
ただし，状況が変われば，統計的な確率はあまり意味をなさなくなってしまいます。

ふむふむ。
野球の**打率**なんかもこの統計的な確率ですか？

そうですね。
打率は，打者の過去の成績に基づいて計算された，ヒットを打つ確率です。
100打数30安打だとすると，30÷100＝0.3となり，**打率3割**ということになります。
3割バッターが今後もこのペースで打ちつづけるかどうかはわかりません。でも，今までたくさん打ってきた打率の高いバッターのほうが，打率の低いバッターよりも打ちそうな気がしますよね。

たしかに。

この本では，まずこの1時間目で**統計に基づいた確率**をメインに紹介します。身近にある確率をどんどん紹介しますから，あまり深く考えずに，いろんな確率に触れてみましょう。

はい！

そして2時間目以降に，**数学的確率**の考え方を紹介していきます。一気にしっかり確率を計算できるようになりたい！　っていうやる気のある人は，2時間目から読んでもOKです。
ギャンブルなんかで役立つのは，2時間目以降の数学的確率ですよ！

1時間目からがんばります！

雷に打たれる確率は，「851万3500分の1」

まずは身近な確率の一つ目として，**雷に打たれる確率**を紹介しましょう。

えっ。それ全然身近じゃないと思いますけど……。
ともかく雷は怖いですよね～。ゴロゴロ鳴りだしたら，ダッシュで建物の中に入るようにしてますよ。
雷に打たれる確率ってどれくらいなんですかね？

警察庁が発表している「警察白書」によると，2000年～2009年の10年間で，落雷による死者・行方不明者と負傷者を合わせた人数は**148人**でした。

10年間で148人ということは，**1年間あたり14.8人**が雷に打たれているのか……。

そうですね。
日本の総人口は，おおよそ**1億2600万人**です。
ここから，雷に打たれる人の確率を計算すると次のようになります。

計算式

$$14.8 \div 1\text{億}2600\text{万} \fallingdotseq \frac{1}{851\text{万}3500}$$

計算の意味

落雷による年平均死傷者数÷総人口
＝1年間に雷に打たれる確率

というわけで，日本で雷に打たれる確率は，1年間に約 $\frac{1}{851\text{万}3500}$ です。

1年間に，851万人に1人が雷に打たれる計算ですね。
実際に雷に打たれた人は，それほど多いわけではないのか……。

そうですね。
ついでにアメリカのデータも見てみましょう。
アメリカでは，2009年から2018年の10年間で，雷による死傷者数は毎年平均**270人**でした。アメリカの人口は，およそ3億3000万人ですから，1年間に雷に打たれる人の確率は，次のようになります。

$$270 \div 3億3000万 = \frac{1}{122万2000}$$

というわけで，アメリカで雷に打たれる人の確率は，$\frac{1}{122万2000}$ です。

122万2000人に1人かぁ。日本は851万人に1人だったから，日本のほうが低い確率なんですね！

火事にあう確率は，「1426分の1」

どんどんいきましょう。次は**火事にあう確率**です。

そういえば，ちょうど先週，近所でぼやが出たんですよ！
火事も怖いですよねぇ。
火事は雷にあう確率よりも多い気がします。

消防庁の発表によると，2017年の日本の総出火件数は，**3万9373件**です。
単純に365日で割ると，**1日に約108件**も火事がおきていることになります。

1日に100件も火事が!? 多いですね。

そうですね。それでは，1年間に火事にあう確率を求めてみましょう。
火事にあう確率は，1年間の総出火件数を世帯数で割ることで求められます。
日本の総世帯数は，5615万3341世帯です（2018年1月1日時点）ので，確率は次のようになります。

計算式

$$3万9373 \div 5615万3341 \fallingdotseq \frac{1}{1426}$$

計算の意味

1年間の総出火件数÷世帯数
＝1年間に火事にあう確率

1年間に火事にあう確率は，$\frac{1}{1426}$。

1426世帯中1世帯の確率かぁ……。
思っていたよりも多いですね。

ちなみに，出火原因の1位はたばこ，2位は放火，3位はこんろとなっています。

うーん，火事には十分に気をつけなきゃ！

交通事故にあう確率

次は**交通事故にあう確率**です。

ペーパードライバーなんで大丈夫です！

いえいえ，そんなことはないでしょう。
歩いていて車が突っこんでくることもあるでしょうし，自転車で転ぶことだってあるでしょう。

そういえばそうですね。
車に乗らなくても，交通事故には十分に気をつけないといけません。

2018年の交通事故による死傷者数は，**52万9378人**でした。この死傷者数を日本の人口1億2600万人で割ると，確率を計算することができます。

計算式

$$52万9378 \div 1億2600万 \fallingdotseq \frac{1}{238}$$

計算の意味

2018年の交通事故死傷者数÷総人口
＝1年間に交通事故で怪我や死亡する確率

というわけで，1年間に交通事故で死傷するのは，**約238人に1人の確率**ということになります。パーセント表示に直すと $\frac{1}{238}\times 100$ で**約0.4%**ですね。

うーん，多いのか，少ないのか……。

これをもとに，80年間で少なくとも一度以上，交通事故で死傷する確率を計算してみましょう。
計算方法は，2時間目を読めば理解できると思いますが，ちょっとむずかしいので，概要だけを説明しますね。
まず，1年間事故にあわない確率は，$1-\frac{1}{238}$ で求められます。さらに，80年間事故にあわない確率は $\left(1-\frac{1}{238}\right)^{80}$ で計算できます。

$$\left(1-\frac{1}{238}\right)^{80}=0.71$$

というわけで，80年間，交通事故にあわない確率は，$0.71\times 100=71\%$ です。

70%ちょいの人が事故にあわないのか。

逆に，$100\%-71\%=29\%$ なので，29%の人が80年間に1度以上，事故にあうことになります。つまり……，
4人に1人以上が事故にあう。

多い！ 一気に交通事故が身近になりました！

そうですね。気をつけないといけません。
ただし，この確率は，2018年の交通事故死傷者数から求めた値ですので，状況が変われば，また確率も変わることになります。
昔はもっと交通事故死傷者数が多かったので，もっと確率が高かったはずですよ。

じゃんけんのパーが勝つ確率は3分の1ではない

さてさて，じゃあ次は**じゃんけんの確率**を考えてみましょう。
1回勝負の場合，パーを出して勝つ確率はどれくらいでしょうか？

そんなの簡単ですよ！ 自分がパーを出したとき，相手がグーなら勝ち，チョキなら負け，パーなら引き分けになるわけですよね。相手がグーを出したときにだけ勝てるから，確率は$\frac{1}{3}$です！

すばらしい。優秀です！
でもなんと，**実際には$\frac{1}{3}$じゃない**みたいなんです。

んなわけないでしょ～！

実は，725人を集めて，1万1567回のじゃんけんを行った実験があります。

1万回以上!? で，結果はどうだったんです？

なんと，じゃんけんの出し手には，わずかにかたよりがありました。
実験でのじゃんけんの出し手は，グーが4054回，パーが3849回，チョキが3664回でした。
パー，チョキ，グーが勝つ確率を計算すると，下のようになります。

計算式

グーが出る確率＝パーが勝つ確率
＝4054÷11567≒35%

パーが出る確率＝チョキが勝つ確率
＝3849÷11567≒33%

チョキが出る確率＝グーが勝つ確率
＝3664÷11567≒32%

パーが勝つ確率が一番高い！！
うわっ，これ知ってたら，超有利ですね。
私は最初にチョキを出すことが多いのですが，今度からはパーを出すようにします！

まぁ，かたよりはわずかですけどね。
日本じゃんけん協会という団体も，最初はグーが出る可能性が高いとしています。確率論に基づくものではありませんが，グーの形が最もつくりやすいこと，力強いイメージで勝利を連想しやすいことなどを理由としてあげています。

ふっふっふっ。
これでじゃんけんは全勝！

35％なので，65％は勝てないんですけどねぇ。

20代の死亡率は0.059%

では，次は**死亡率**ついて考えてみましょう。

死亡する確率，ということですね？

ええ，その通りです。
たとえば，20歳の死亡率であれば，20～21歳の間に死亡した人の数を，20歳の時点の生存者数で割ることで求められます。
年齢ごとの死亡率は，**厚生労働省**や**日本アクチュアリー会**などが調査して，公表しています。

20歳の死亡率ってどれくらいなんですか？

日本アクチュアリー会によると，2018年の20歳の日本人男性の死亡率は**0.059%**です。
10万人に59人の割合で亡くなった計算になります。

それほど多くはありませんね。

そうですね。
ただ，年齢を重ねると，死亡率は大幅に増加していきます。
40歳の死亡率は0.118%，60歳の死亡率は0.653%です。

うわっ，60歳で急激に増えますね。

そうなんです。次のグラフが各年齢の死亡率の変化をグラフにしたものです。

年齢別に見た日本人男性の1年間の死亡率（2018年）

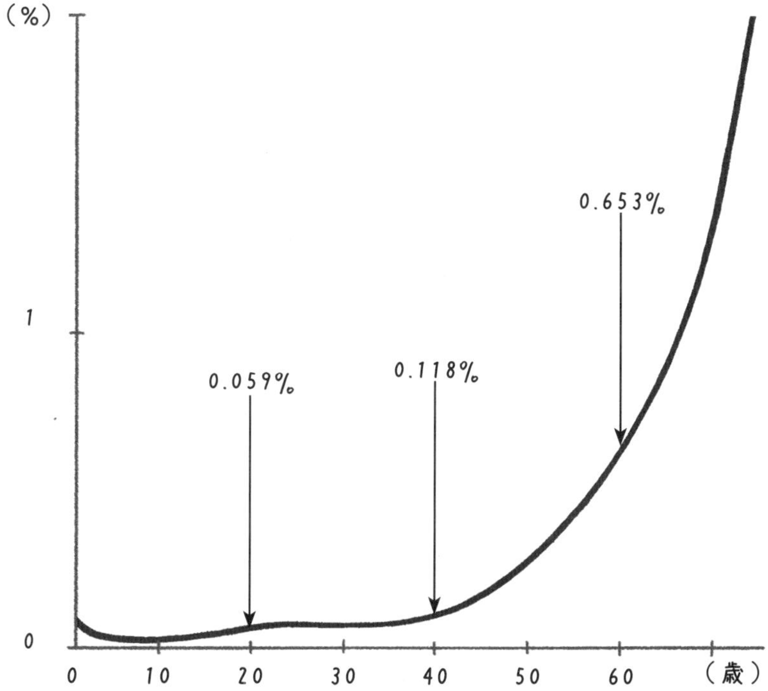

ところで，この死亡率は，**生命保険**に欠かせないものなんですよ。

生命保険っていうと，契約期間内に亡くなった場合に，お金が支払われる保険ですよね。

はい，そうです。
生命保険は，保険会社が設定した**保険料**を加入者から集めるかわりに，加入者が死亡した際は受取人に**保険金**を支払うしくみをいいます。
保険会社は，保険料をいくらに設定すれば，赤字が出ないか，各年齢の死亡率をもとに計算しているんです。

死亡率をもとに保険料を計算？
いったいどうやっているんですか？

加入者から集める保険料をうまく計算して，保険会社にとって必要なお金と釣り合うようにしているんです。
保険会社にとって必要なお金というのは，保険契約者に支払う保険金と会社を維持するための経費です。

ふぅむ。いまひとつわかりません。

じゃあ，具体的に1年間の保険契約期間内に死亡したら**1000万円**が支払われるシンプルな生命保険を考えてみましょう。
各年齢ごとに**10万人**が加入することにします。

1年以内に死亡したら1000万円……。

20歳男性の場合，**1年間の死亡率が0.059％**なので，10万人の契約者のうち，59人が亡くなると予測されます。
ですので，保険会社が支払う保険金の総額は，**59人×1000万円＝5億9000万円**です。
金利や保険会社の経費などを考慮からのぞくと，この5億9000万円を加入者10万人で負担することになります。
そのため，加入者1人あたりの保険料は，**5900円**と計算できます。

なるほど。保険料ってこんな考え方で決まっていたんだ。
すると，年齢が高くなると死亡率が上がるので，加入者が支払う保険料も高くなるわけですね。

ええ，その通りです。
同じ計算を40歳，60歳で行ってみると，40歳の1人あたりの保険料は1万1800円。60歳は6万5300円です。

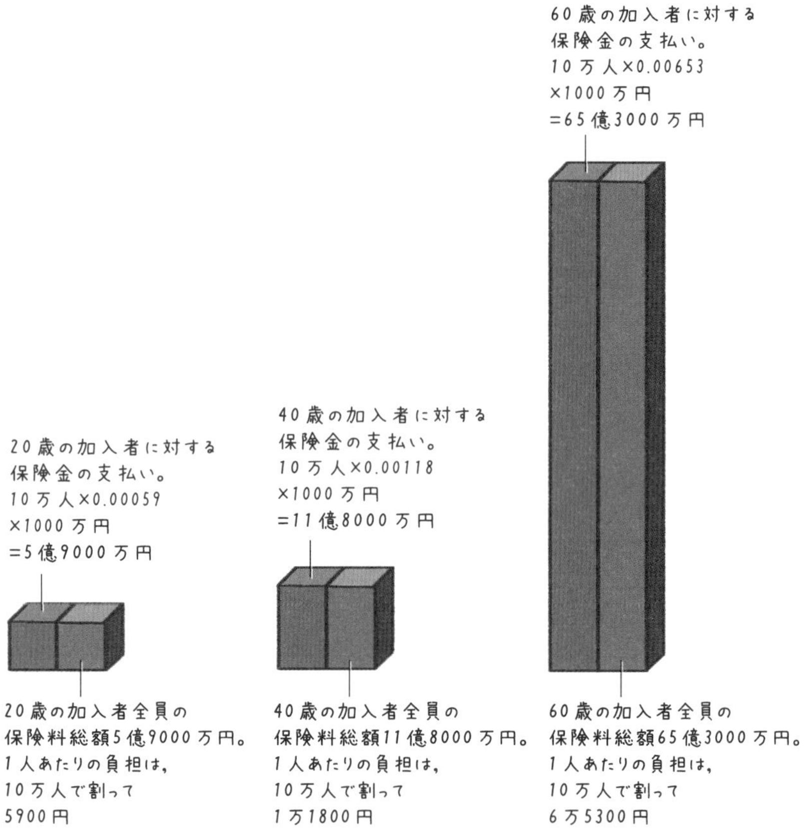

わーっ，やぱり60歳で一気に保険料が高くなりましたね。

ええ，そうなんです。
ただし，ここでは保険会社の経費等は考慮に入れていないので，実際には保険料はもっと高くなります。

生命保険は，死亡率に基づいて，保険会社に赤字が出ないように設定されてるわけですね。

がんが死因となる確率は約27%

今，各年齢の死亡率について見ましたけど，だいたいどういう死因で亡くなることが多いんでしょうか？

お，それじゃあ，2019年の死因別の死亡者数のデータを見てみましょう。
次の表は，厚生労働省が公開しているデータです。

死因順位別死亡数

死因	順位	死亡数（人）
全死因	−	1 381 098
悪性新生物（腫瘍）	1	376 392
心疾患（高血圧を除く）	2	207 628
老衰	3	121 868

厚生労働省　令和元年（2019）人口動態統計月報年計（概数）の概況資料
「性別にみた死因順位別死亡数・死亡率（人口10万対）」より

悪性新生物……やっぱり**がん**が圧倒的に多いんですね。
2位の心疾患と大差がついています。

そうですね，
がんが死因となる確率を求めてみましょう。
がんが死因となる確率は，がんの死者数を全死者数で割ることで求められます。

$$\frac{376392}{1381098} \fallingdotseq 0.27$$

全死因の**約27%**ががんだったということですね。
だいたい3～4人に1人ががんで亡くなった計算です。

3～4人に1人か……。かなり多いですね。やっぱり，がんは恐ろしいです。

降水確率100%でも大雨が降るとは限らない

暗いテーマはここまで！
次は**天気予報の確率**について考えましょう。

確率といえば，これですよね～！
天気予報の「**降水確率60%**」とか，いったいどうやって出しているんだろうと思ってました。

天気予報は，基本的には**コンピューター**による計算によって行われています。
気球によって行われる定期観測や**レーダー**による雨雲の観測，あるいは**人工衛星**による観測などにより，現在の大気の状況をまず把握します。

それから？

現在の大気の状況を把握できれば，その情報をもとに，数分後の大気の状況を計算できます。その計算結果をもとに，さらにその数分後の状況を計算できます。
これを繰り返して，今日，明日，明後日，1週間後といった大気の状況を**計算**していくんです。
こうして出された未来の大気の状況をもとに，降水確率などが決められます。

ふーむ，なるほど。
たとえば降水確率60％っていいますよね。これは，全地域の60％に雨がざーざー降るってことなんでしょうか？

ここでいう**降水**とは，降水量**1㎜以上**の雨が降る，ということです。
降水確率60％というのは，予報期間内に，**同じような大気の状態が100回あったら，そのうち60回で1mm以上の降水がある**という意味なんです。

ふぅむ。1mm以上の雨が60％の確率で降りそうだ，ということなんですね。1mm以上であれば，大雨でも小雨でも関係ないんでしょうか。

そういうことです。

それから，降水確率100％なのに，雨が降らないこともありますよね。100％雨が振るという予報で，なぜ雨が降らないことがあるんでしょうか？

天気予報は1の位が四捨五入されるので，95％でも100％と発表されます。だから，雨が降らないこともありうるんですね。
また，逆に4％でも0％と発表されるので，0％で雨が降ることもありえてしまうんです。

なるほど！ そういうわけだったんですね。

それから気象庁は，**「雨」**，**「曇一時々雨」**など，降水するかどうかの予報も出しています。

どれくらいあたるものなんですか？

以下のグラフは**予報の的中率の推移**です。

気象庁が公表している「降水あり」予報の的中率

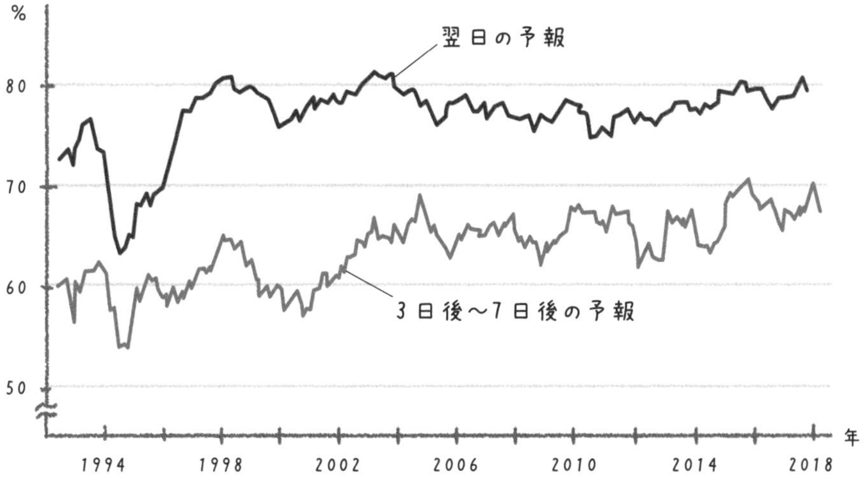

（気象庁提供の資料を加工して作成）

翌日の予報は，的中率70％越えですが，3日後～7日後の予報はほぼ60％台なんですね。

そうですね。**天気予報は近い未来ほどあたりやすく，遠い未来ほどあたりづらいんです。**

たしかに，朝の天気予報は，ほぼあたる印象ですが，週間天気予報はちょくちょく変わる印象がありますね。

南海トラフ大地震の確率は今後30年間に「70～80%」

では，1時間目最後の確率です。ずばり，**地震の確率**を考えます。

最近，ニュースで「南海トラフ地震がおきる確率は……」っていうのをよく見ます。

はい。**南海トラフ**というのは，東海地方から紀伊半島，四国にかけての南方沖にある巨大地震の震源域です。
南海トラフ地震が発生すると，一部の地域で震度7の強いゆれがおき，関東地方から九州地方にかけて10メートルを超える大津波の襲来が予想されています。
過去1400年間，およそ100～200年の周期で発生しています。それが今，いつ来てもおかしくない状況なんです。

いつ来てもちゃんと避難できるように，防災グッズを備えておかないといけませんね。
南海トラフ地震がおきる確率は，どれくらいなんでしょうか？

南海トラフ地震が発生する確率は，**今後30年内に70～80%**です。

うわっ高い！
今私は27歳なので，60歳になるころまでには，南海トラフ地震がおきそうですね。
その確率は，どうやって求められたんでしょうか？

ちょっとむずかしいですが，地震の発生確率は，次のようなグラフであらわすことができます。
グラフの縦軸は，各時点における地震のおこりやすさをあらわしています。すぐあとで説明するように，時間に応じた面積が確率になるようなものです。
これを**確率密度**といいます。グラフの横軸が時間経過です。

プレート間地震（平均間隔100年の場合）

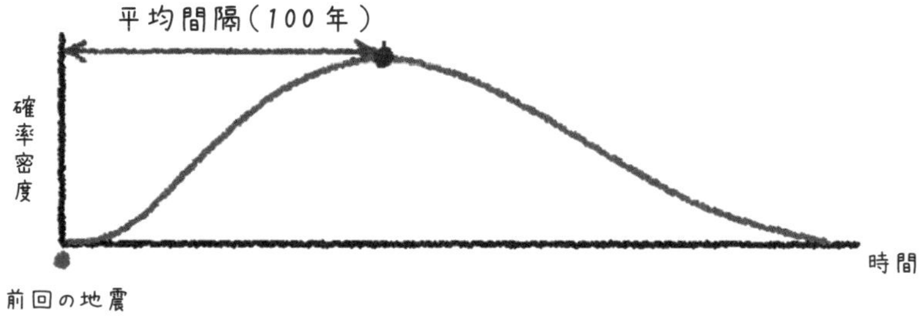

見方が全然わかりません！

たとえば，現在から30年内に地震がおきる可能性は，次のグラフのAの部分の面積であらわせます。
このAの面積を，AとBを合わせた面積で割ると，一定期間内に地震がおこる確率を求めることができます。
このような地震の確率分布を**BPT（Brownian Passage Time）分布**といいます。

今後30年以内に地震がおきる確率

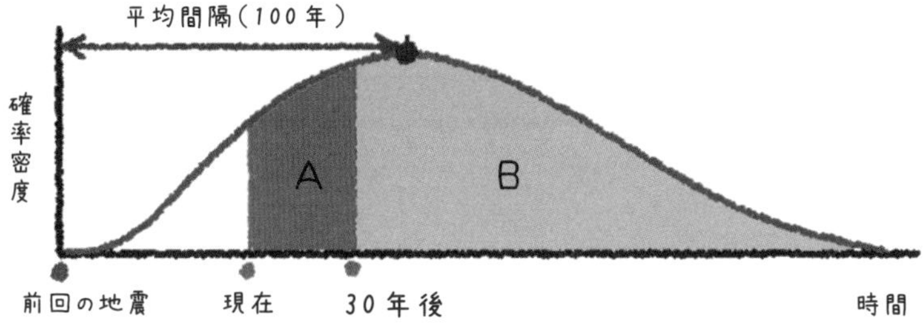

地震発生確率の求め方

$$\text{地震の発生確率} = \frac{A}{A+B} \times 100$$

なるほど。南海トラフ地震の確率も，このようなグラフを使って求められているんですか？

そうです。
このモデルでは，確率を求めたい期間が長くなるほど，確率は高くなります（次のページの図［1］）。
また，地震がおきずに時間が経過した場合も，確率は高くなっていきます（次のページの図［2］）。

［1］確率を求めたい期間を長くした場合

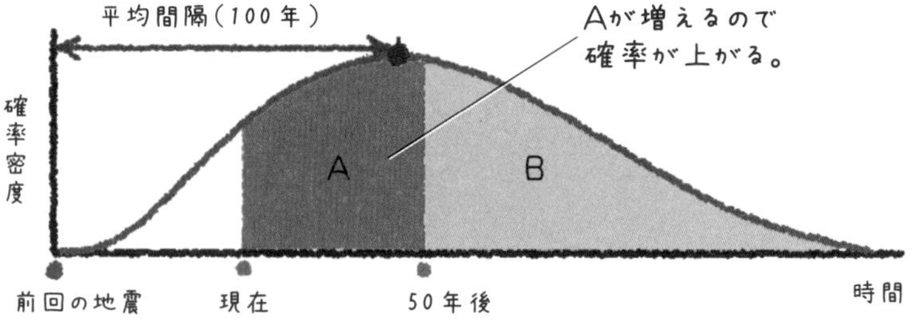

［2］地震がおきずに時間が経過した場合

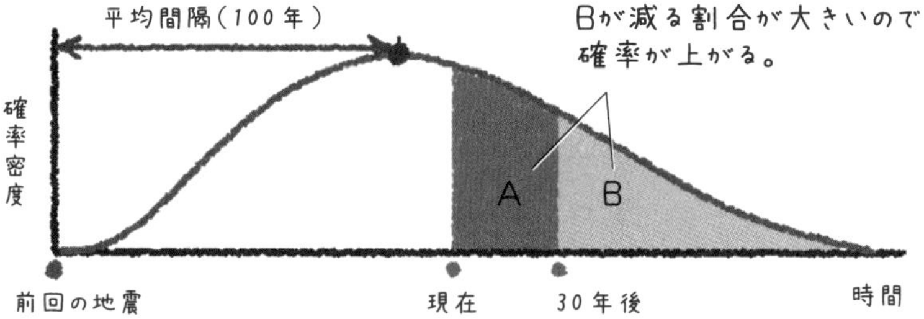

さらに南海トラフ地震の場合は，**「時間予測モデル」**という考え方も組み合わせて，確率を求めています。
これは前回の地震の規模が大きいほど，次の地震までの間隔が長くなる，というモデルです。
そういったモデルを組み合わせて導きだされた南海トラフ地震の発生確率というのが，30年以内に70～80%ということなんです。

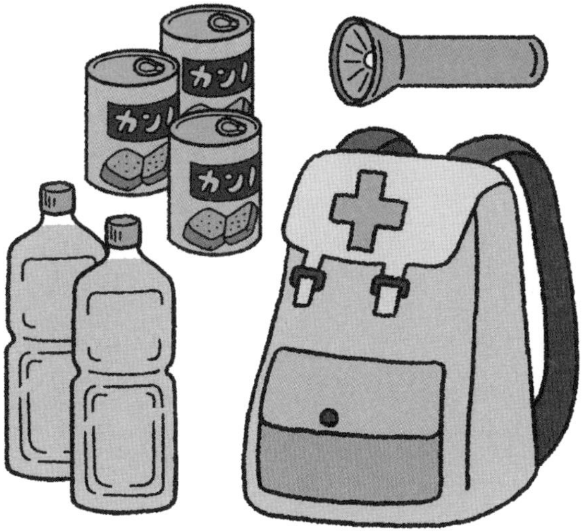

偉人伝❶

確率を研究した，ジローラモ・カルダノ

史上はじめて確率論の本を書いたのは，イタリア出身の数学者，ジローラモ・カルダノ（1501～1576）といわれています。ギャンブル好きが高じて『サイコロ遊びについて』という論文を書き，それが死後に出版されました。

カルダノは1501年，イタリアのパビーアで生まれました。父親はミラノの有名な弁護士でした。父親は幾何学など数学の素養もある教養人であり，レオナルド・ダ・ビンチの友人でもありました。

カルダノは1524年にパドバ大学で医学の学位を取りました。カルダノは発疹チフスの発見者としても知られています。また，医学だけでなく，天文学，物理学，数学などの広い分野の問題に興味をもち，占星術や賭にも手を出していました。

サイコロの合計は7にかけるのが有利

カルダノの数学者としての業績で最も有名なのは，著書『アルス・マグナ（大いなる技法）』の中で，3次方程式の解の公式を紹介し，虚数の概念をはじめて導入したことです。また，カルダノは賭博が大好きであり，それに関係した『サイコロ遊びについて』を著しました。この本の中で，カルダノは次のような問題を解いています。「二つのサイコロを同時に投げて，出た目の和がいくつになるかを賭けるとする。目の和がいくつになるとかけるのが最も有利になるか」。

二つのサイコロの目はいずれも1，2，3，4，5，6のどれかになります。したがって，二つのサイコロの目の組み合わ

せは，全部で6×6の36通りです。この36通りの中で，サイコロの目の和が7となるパターン（6通り）が最も多くなることをカルダノは示しました。そして，「目の和7にかけるのが最も有利」ということを明らかにしたのです。

予言通りの日に死んだ

このように確率論で先駆的な業績を残したカルダノは，ギャンブル好きであったものの，「ギャンブルはもうからない」ということを自覚していたようです。その証拠に「ギャンブラーは，まったくギャンブルをしないことが最大の利益になる」という言葉を残しています。しかし，カルダノは私生活ではギャンブルで身をほろぼしました。そして，最後には自分の死期を予言して，その正しさを証明するために断食し，自身の予言通りの日に死んだと伝えられています。

2 時間目

確率の計算の基本をマスターしよう！

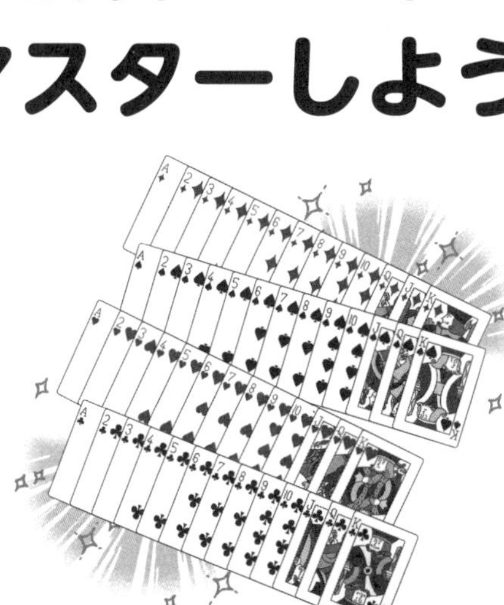

STEP 1

確率の準備運動，「場合の数」を考えよう

確率を計算で求めるときに重要なのが，“ある事象がおこる場合は何通りか”を示す「場合の数」です。ここでは，いろいろな「場合の数」について，くわしく説明しましょう。

ルーレットで26回連続で偶数が出た!?

この2時間目では，**数学的確率**に焦点をあてながら，あらためて，確率とはどういうものなのか，そしてどのようにして計算することができるのかを，じっくりと考えていきましょう。

数学的確率をマスターすれば，ギャンブルで勝つ確率なんかも計算できるんですね！

そういうことです。
はじめに一つ，**ルーレット**と確率にまつわるエピソードを紹介しましょう。

ルーレット……，くるくる回すやつですね？

そうです。
ルーレットは，0～36の数字が書かれた**37個の枠**が並ぶ盤面に玉を転がし，どの目に入るかを賭けるギャンブルです。

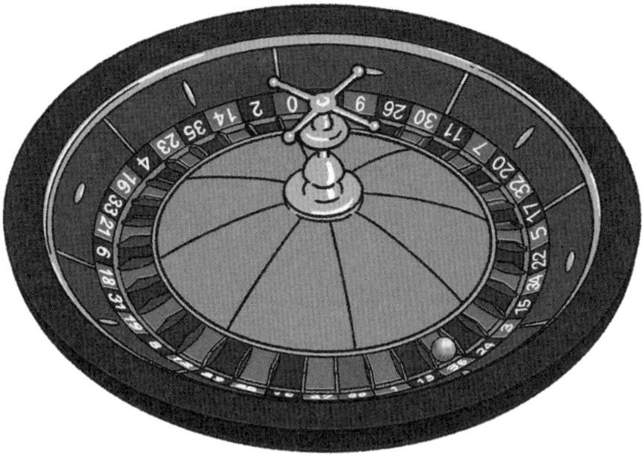

なかでも，0をのぞく1～36の数字のうち，**奇数**が出るか**偶数**が出るかを賭けるやり方が，最もシンプルな賭け方の一つです。
この賭けを数学的確率で考えると，全部で37個ある数字のうち，偶数は18個なので，偶数が出る確率は$\frac{18}{37}$です。
奇数も18個なので，奇数が出る確率も$\frac{18}{37}$です。

ふむふむ。
奇数と偶数はどちらが出る確率も，半分より若干低いんですね。

その通りです。
さて，1913年8月13日，**モンテカルロ**にあるカジノのルーレットで，信じられない出来事がおこりました。
なんと，**26回連続で偶数**が出たのです！

26回連続で偶数～!?

いやいや，つづきすぎでしょ～。
そんなことありえるんですか？

くわしくはあとから説明しますが，偶数が26回つづく確率は，偶数が1回出る確率を26回繰り返しかけ算することで求めることができます。
計算すると，偶数が26回連続で出る確率は，
約1億3700万分の1！

$$26\text{回偶数が出る確率} = \left(\frac{18}{37}\right)^{26}$$
$$\fallingdotseq \frac{1}{1\text{億}3700\text{万}}$$

ひえ〜！

ところで，もし，偶数が15回くらいつづいたら，あなたならどう賭けますか？

偶数が15回もですか〜。そうだなあ，そんなに偶数がつづくわけがないから，**次こそ奇数が出る！**と思って奇数に賭けますかねえ。

普通そう思いますよね。実際，その場に居合わせたギャンブラーたちも，偶数が15回連続で出たあたりから，「次こそ奇数が出る」と考えて，狂ったように奇数に賭けはじめたといいます。

でも，そのあとも偶数が出つづけたんですよね？

はい。そうして，カジノだけがもうける結果に終わってしまったんです。

ひどい！　ずるい！

ただ，ここで覚えておいてもらいたいのは，ギャンブラーたちの考え方のほうが**まちがってる**ということです。
「偶数の目がつづいたから，次は奇数が出る」という考えはまったく誤りなんです！

誤り!?

はい。ルーレットの例でいえば，前に出た目が何であろうと，次に偶数が出る確率はつねに $\frac{18}{37}$ なんです。
偶数が連続して出たからといって，次に偶数が出る確率が下がることはありえません。
このような考えは**ギャンブラーの誤謬《ごびゅう》**あるいは**モンテカルロの誤謬**などとよばれています。

そっか，偶数がつづいたからといって，次に奇数が出る可能性が高くなるわけではないんですね。
でもなぜ, 約1億3700万分の1の確率でしかおきない“奇跡”がおきたんでしょうか。
やはりカジノ側の**イカサマ**なんじゃないですか？

いえ，そうともいえません。
確率と偶然について，もう少し考えていきましょう。

コインを1000回投げると，表と裏はほぼ半々

先ほどのルーレットの話は一度置いておいて，実験がしやすい**コイン投げ**について考えてみましょう。
ここに表・裏の出る確率が等しいコインがあります。
表が黒，**裏が赤**です。

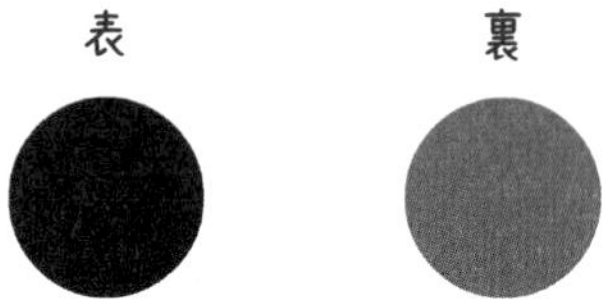

表と裏，どちらも出る確率は$\frac{1}{2}$ということですね。

その通りです。じゃ，このコインを1000回投げて，表か裏かを記録してみてください。

えっ？　1000回も!?
日が暮れちゃいますよ～！

がんばって！

ふぇええええ。
とりあえず1回。えいっ！
裏でした。

はい，1回目。

ほいっ，ほいっ……。
とりあえず，**10回**終わりました。

10回

表が3回，裏が7回でした。
あれ，本来の確率通りなら，5回ずつのはずですよね？
けっこうずれていますね。

そうですねえ。
では，**100回**を目指しましょうか。

ひーっ。
ていっ，ていっ！
…………100回，終わりましたっ。

100回

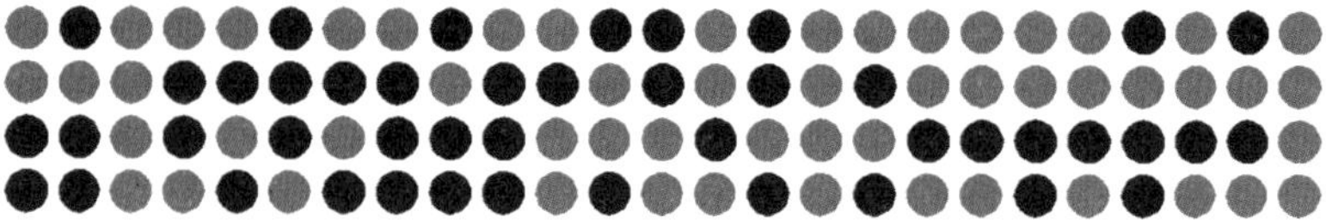

表が45回，裏が55回でした。
10回の時点では裏のほうがかなり多かったけど，100回投げたら，半々に近づいています！

じゃあ，この調子で**1000回**までいってみよう！

えーん！　ていっ！　ていっ！
……お，終わりました。

結果は次のようになりました。

1000回

お，**表が508回，裏が492回！**

お疲れさまでした。
表は $\frac{508}{1000}$（50.8％），裏が $\frac{492}{1000}$（49.2％）ですから，100回の結果よりも，さらに本来の確率（＝50％）へと近づいていることがわかりますね。
下のイラストは，59ページの1000回の実験結果から，グレーの枠の部分（10回）と赤い枠の部分（100回）を取りだして並びかえたものです。

10回

100回

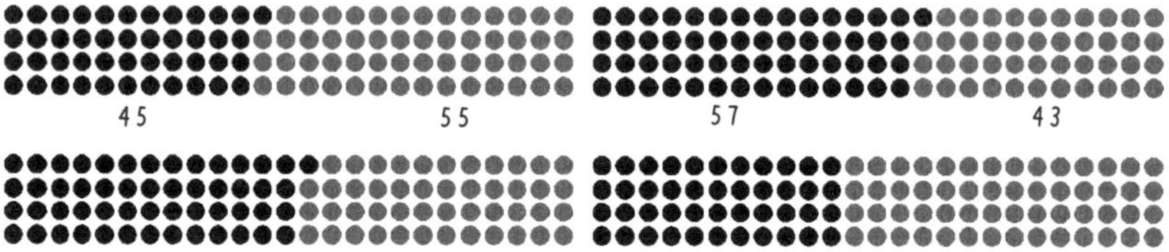

なるほど！

回数が多くなるほど，半々に近づいています。

このように，ある偶然の出来事を何度も繰り返した場合，その結果は本来の確率に近づいていくんです。

これを**大数《たいすう》の法則**といいます。

大数の法則は，確率論の基本となる**超重要な法則**です。

たいすうのほうそく……。

何度も何度も繰り返すと，理論的な確率に近づく……。

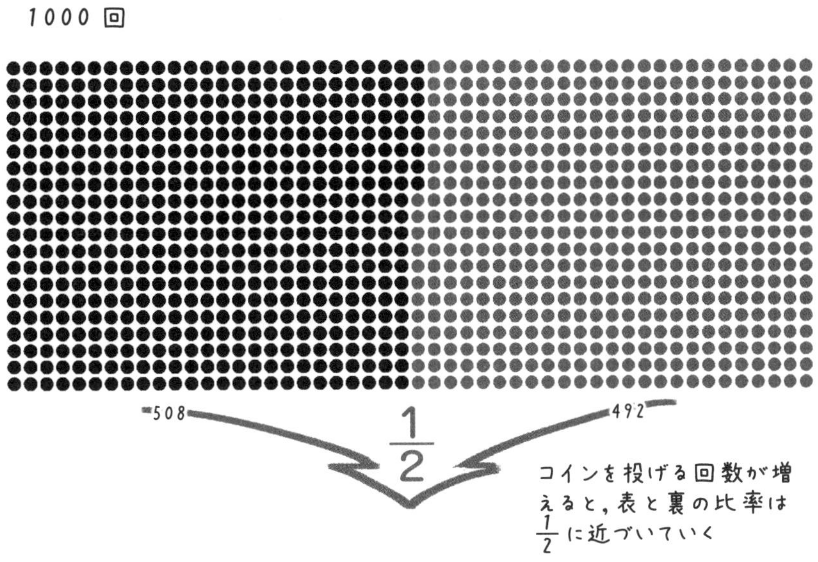

出目にかたよりのないコインを投げると，少ない回数では，本来の確率からはずることがあっても，**“無限回”投げれば，理論的に表と裏の確率はちょうど$\frac{1}{2}$（＝50％）ずつになるんです。**
ところで，先ほどの実験で，裏か表が連続して出て，変だなと思うことはありませんでしたか？

そういえば……，**裏が連続8回出るという奇跡**がおきました！

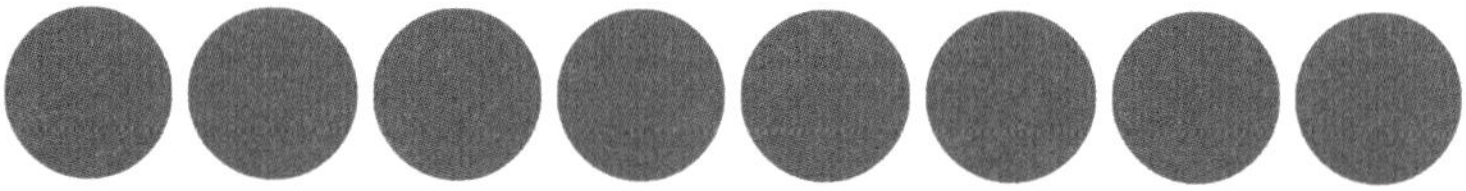

8回でもかなりめずらしく思えますけど，もしコインを何千万回も投げれば，20回連続で表が出ることもありえます。たとえ1億分の1の確率でしかおこらないことでも，十分な回数を繰り返すなら，**むしろおこるのが普通**なんです。

あっ！
これって，**モンテカルロのルーレット**の話に似ている。

そうなんです！

ルーレットで「26回連続で偶数が出た」例は，世界中で毎日回っている無数のルーレットの結果から，一部を取りだしたに過ぎないんです。
だから，すごい偶然がおきたように見えてしまったんですね。26回連続で偶数が出る，ということが世界中のどこかでおきたとしても，実はそれほど不思議なことではないんです。

なるほど。
カジノのイカサマというわけではなかったんですね。

確率の計算には，「場合の数」が重要！

さて，確率の基本的な考え方となる**大数の法則**については理解できましたか？

少ない回数では，本来の確率からはずれることがあるけれど，ものすごい数を繰り返せば，おおよそ本来の確率通りになる，っていうことですよね。
だいたいわかりました。

いいですね。**バッチリ！**
では，ここからは実際に，どうすれば確率を計算することができるのかを考えていきましょう。

いよいよ**確率の計算**ですね……。
むずかしそうですが，がんばります！

数学的確率はずばり，次の式で計算できます。

ポイント！

数学的確率

$$\text{確率} = \frac{\text{求める場合の数}}{\text{おこりうるすべての場合の数}}$$

場合の数？

中学で習ったような，習っていないような……。

場合の数とは，ある事象がおこる場合が何通りあるのかを示す数のことです。

ポイント！

場合の数＝ある事象がおこる場合が何通りあるのかを示す数

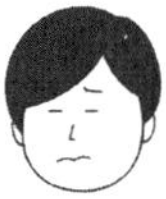

先生，わかりません。

具体例で考えましょう。

たとえば，サイコロを振って**奇数の目が出る確率**を考えます。

サイコロの目は六つなので，計算式の分母にくる，「おこりうるすべての場合の数」は，**6通り**となります。
そして，計算式の分子にくる，「求める場合の数」は，今回の例でいうと，奇数の目が何通りあるのか，となります。
奇数の目は1，3，5なので，求める場合の数は**3通り**となります。
これを，先ほどの**数学的確率の公式**にあてはめてみましょう。

サイコロを振って，奇数の目が出る確率

・おこりうるすべての場合の数
　　＝すべての出目の数＝6
・求める場合の数
　　＝奇数の出目の数＝3

計算式

$$\frac{3}{6}=\frac{1}{2}$$

なんだ，簡単。

そうでしょ。簡単なんです。
それじゃあ練習に，**ジョーカー２枚**が入ったトランプカードから１枚を引くとき，それがジョーカーである確率を求めてみてください。

えっと，トランプは１～13の数がスペード，ハート，ダイヤ，クラブの４種類ずつあるので，13×４＝52枚。これにジョーカーが２枚加わるので，合計で54枚ということですね。
ここから１枚を引くので，おこりうるすべての場合の数は**54通り**です。

いいですね。

さらに，ジョーカーは2枚なので，ジョーカーを引く場合の数は，**2通り**です。
なので，ジョーカーを引く確率は，$\frac{1}{27}$です。

ジョーカーを引く確率

$$= \frac{\text{ジョーカーの数}}{\text{トランプの総枚数}} = \frac{2}{54} = \frac{1}{27}$$

完璧です。
$\frac{1}{27}$は，だいたい3.7％ですね。
というわけで，確率を計算するときには，場合の数を求めることが必要になってくるわけです。

三つのサイコロの合計，出やすいのは10と11

そもそも確率は，**ギャンブル**とともに発展してきた歴史があります。
時代は17世紀，イタリアでは，ギャンブラーたちが「三つのサイコロを振って出た目の合計」について，頭を悩ませていました。
「三つのサイコロを振ったとき，出た目の合計が9になる場合と10になる場合，どちらが出やすいのか？」という問題です。

ふうむ。
つまり，三つのサイコロの合計が**9になる場合の数**と**10になる場合の数**では，どちらの方が大きいのかということですね。

その通り！　**さえてますね〜！**
では，検証してみましょう。
まず，合計が**9**になる場合の数を考えてみましょう。
合計が9になる三つのサイコロの出目の組み合わせは，
(1，2，6)，(1，3，5)，(1，4，4)，(2，2，5)，(2，3，4)，(3，3，3)の**6通り**です。

なるほど。
どれも足したら**9**になりますね。
では，合計が10になる組み合わせは何通りですか？

合計が**10**になる組み合わせは，（1，3，6），（1，4，5），（2，2，6），（2，3，5），（2，4，4），（3，3，4）。
こちらもやはり**6通り**です。

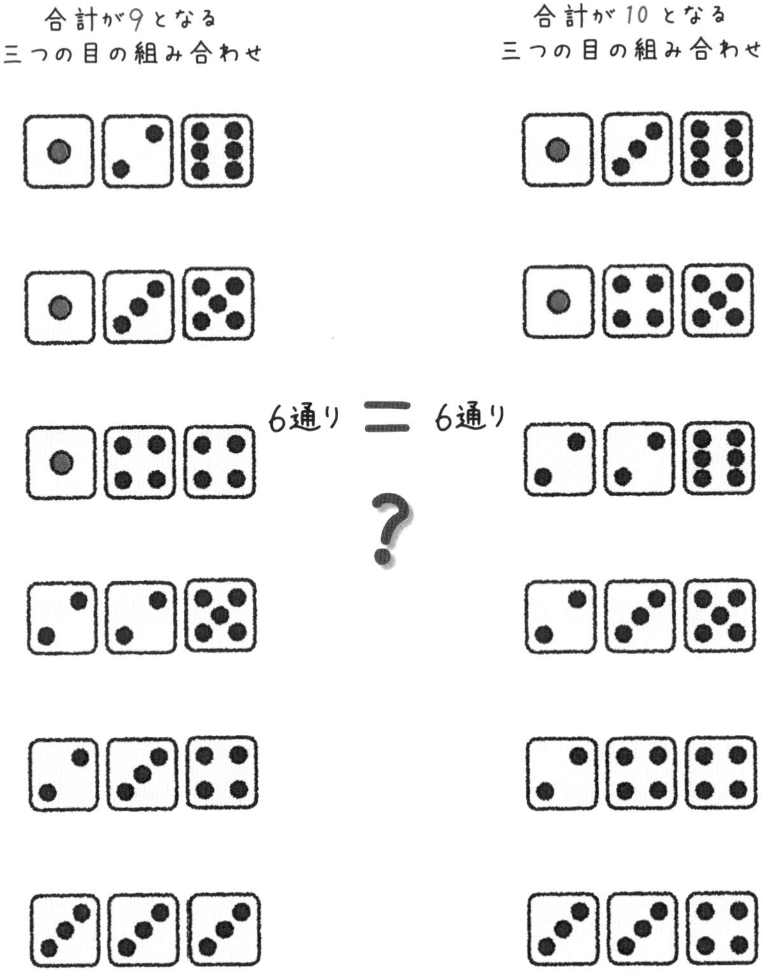

ということは，出目の合計が9になる確率と10になる確率は同じになるから……。
「9と10はどちらも同じくらい出やすい！」ということですね！

ええ。でもギャンブラーたちは経験的に，**「9よりも10となることが多い」**と感じていたようです。

勘違いなのか，計算が役に立たないのか……？

そこで！ 悩めるギャンブラーたちの前に登場したのが，イタリアの科学者，ガリレオ・ガリレイ（1564～1642）です！

ガリレオ・ガリレイ
（1564～1642）

えっ，ガリレオが!?

ガリレオは，9になる場合の数と10になる場合の数を求めるときに，**三つのサイコロを区別しなければいけない**，ということに気がついたんです。

三つのサイコロを区別？
どういうことですか？

まずは話を単純にするために，**サイコロが二つだけ**の場合を考えてみましょう。
二つのサイコロを振って合計が**2となる場合**と**3となる場合**は，それぞれ何通りでしょうか？

えーっと，2は（1，1）しかないので，**1通り**だと思います。
3も，（1，2）の**1通り**でしょうか。

そうですね。
二つのサイコロを区別しなければ，どちらも1通りです。

区別すると変わるんですか？

じゃあ，二つのサイコロをA，Bと区別してみましょう。
2となるのは「Aが1，Bが1」という**1通り**しかありませんね。
でも，3となるのは，「Aが1，Bが2」と「Aが2，Bが1」の**2通り**あります。

あっ！

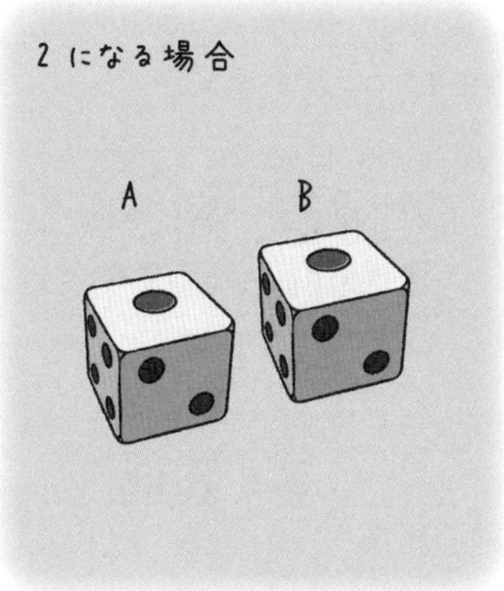

ですから，二つのサイコロを振ったときに合計の目が2となるよりも，3となる確率のほうが高いんです。

たしかに！
（1，2）という組み合わせは1つでも，サイコロを区別して考えると，（1，2）と，（2，1）の**2通り**になりますね！

そうです！
このように，**出る目の「組み合わせ」だけから，おこりやすさ（確率）を考えてはいけないのです。**
では，先ほどの三つのサイコロの問題にもどりましょう。

三つのサイコロを区別して考えるわけですね。

そうです。
では，サイコロを区別して，**合計が9となる出目**と，**10となる出目**を書きだしてみましょう。

三つのサイコロの合計が9

三つの目の組み合わせ　　　　三つのサイコロを区別すると…

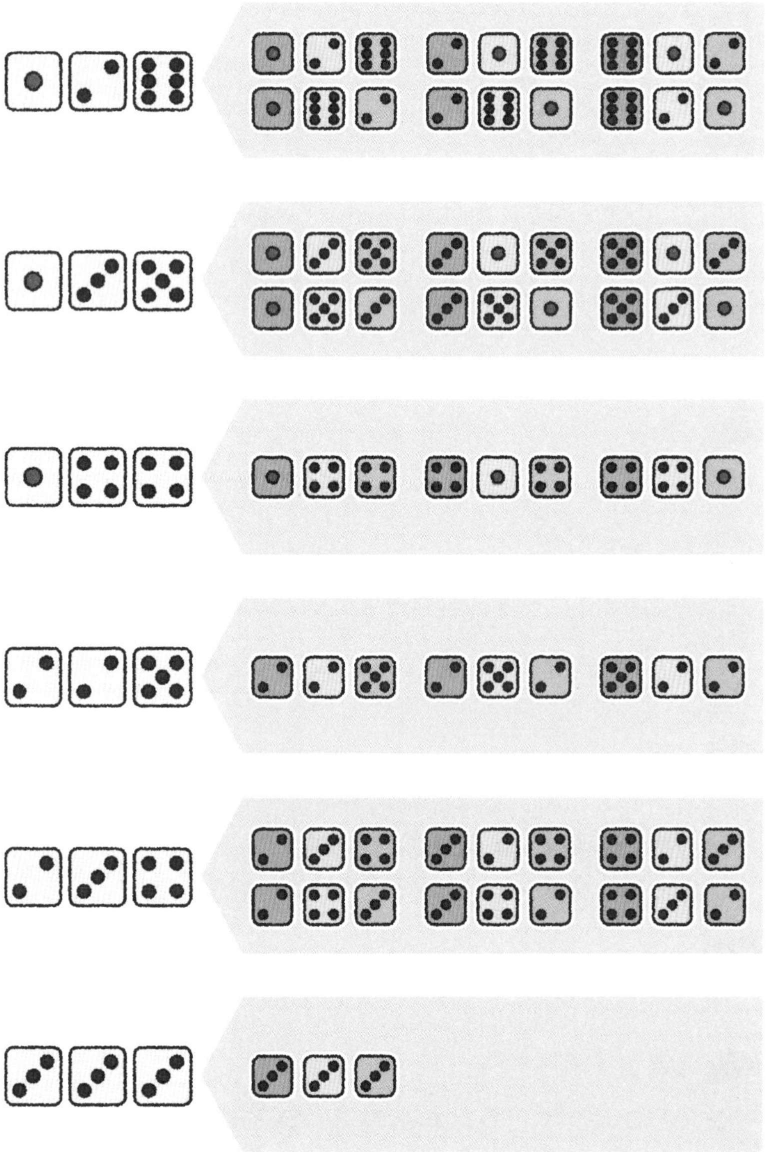

三つのサイコロの目の合計が9となるのは，25通り

三つのサイコロの合計が10

三つの目の組み合わせ　　三つのサイコロを区別すると…

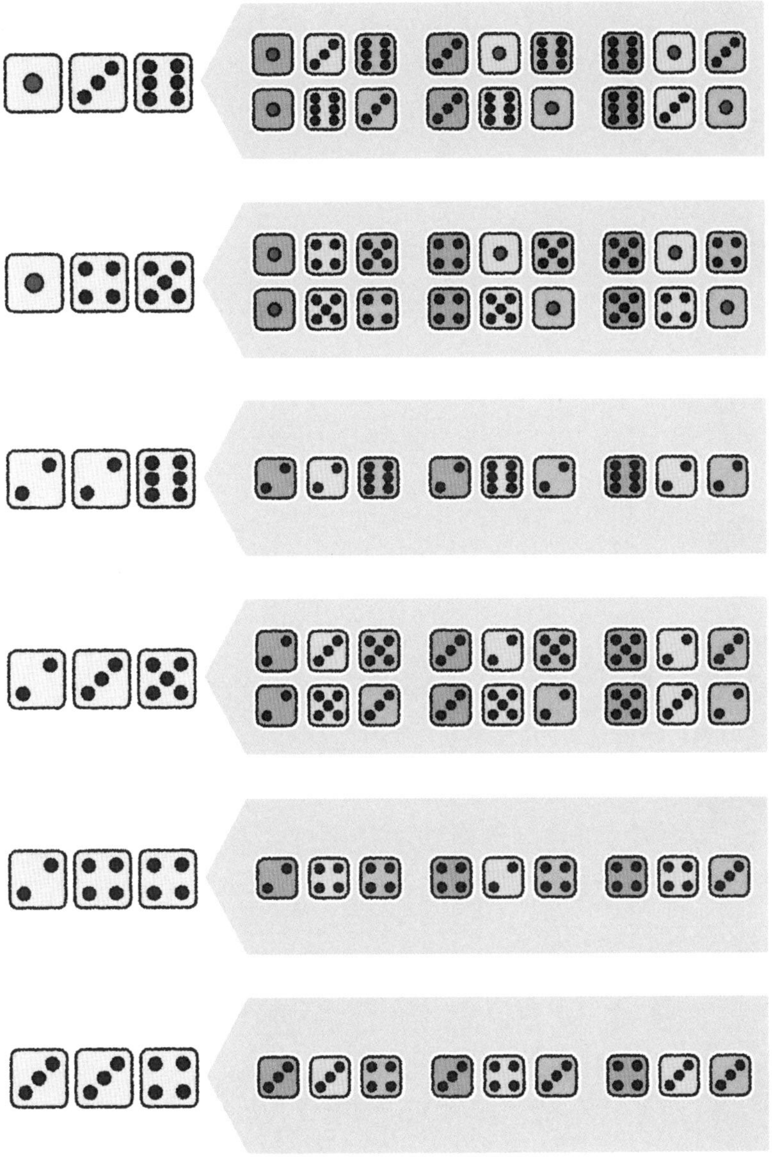

三つのサイコロの目の合計が10となるのは，27通り

前ページのイラストを見てください。
たとえば，出目の合計が9となる（1，2，6）という組み合わせは，（1，2，6）のほかにも（1，6，2）（2，1，6）（2，6，1）（6，1，2）（6，2，1）というパターンがあり，**合計6通り**です。
一方，（3，3，3）という組み合わせは**1通り**しかありません。

そうか，（1, 2, 6）の組み合わせはいろいろつくれるから，（3，3，3）よりも出やすいわけですね。

そういうことです。
このような区別を行うと，合計が9となるのは全部で**25通り**になります。

6通りからずいぶん増えましたね。

そうですね。では次に，合計が10となる出目を見てみましょう。

こちらは全部で**27通り**ですか。
合計が9になる場合は25通りだから，**10のほうが多い！**

そうなんです。つまり三つのサイコロの出目の合計は，
9より10のほうが出やすい！

ギャンブラーたちの悩みが解けましたね！

そうですね。これを，「**順列**」と「**組み合わせ**」といいます。

じゅんれつとくみあわせ？

はい。**順列**とは，たとえば1，2，6という三つの数字を並べたときに，その**順序まで考慮する**考え方です。たとえば，(1，2，6)と(1，6，2)は，別物と考えます。一方，**組み合わせ**とは，**順序を考慮しない**考え方です。(1，2，6)と(1，6，2)は，順序関係なく一つのパターンと考えます。

ポイント！

順列：順番を考慮する
組み合わせ：順番を考慮しない

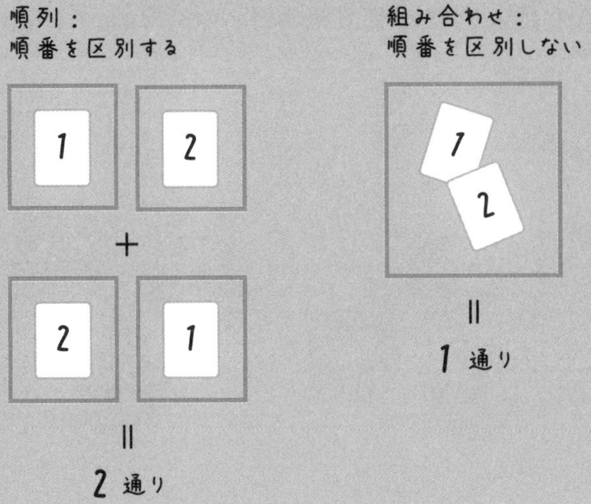

確率や場合の数について考える際には，状況に応じて順列と組み合わせのどちらをあてはめるべきか，慎重に見きわめる必要があるんです。
当時のギャンブラーたちは，「順列」と「組み合わせ」のちがいを理解していなかったんですね。

「順列」と「組み合わせ」の区別……。
うーん，むずかしそう。

ちなみに，三つのサイコロの出目の合計は，最小の3から最大の18まですべてのパターンを考慮すると，その総数は**216通り**となります。
そのため，合計が9となる確率は $\frac{25}{216}$，10となる確率は $\frac{27}{216}$ です。

出目の合計で一番出やすいのが，10なんですか？

実は，合計が11となる場合も27通りあり，三つのサイコロの目の合計として最も出やすいのは**10と11**ということになります。

樹形図を使えば，もれなく数えられる

うーん，順列と組み合わせ，むずかしい……。
まず，順列にしても組み合わせにしても，何通りなのかを，どうやって数えたらいいんでしょうか？
「サイコロ三つのすべての出目のパターンは216通り」なんていわれても，どうやって数えたのかがわかりません。
一つずつ数えるんですかっ!?

大丈夫，落ち着いて。
順列や組み合わせなどの**場合の数を求める方法**を，これから見ていきますよ。ただ，ここではシンプルな方法だけを紹介します。くわしい計算のしかたは，STEP3でやりますから，楽しみにしておいてください。
では，まず三つのサイコロの出目の全パターンを数える方法を考えましょう。
一番単純なのは，「すべての出目を書きだしていく方法」です。

す，すべてを書きだす～!?
(1，2，4)，(1，2，5)みたいな感じにですか？　ちょっと大変すぎません？
それに，見落としやもれも絶対出そう……。

ですよね。**そこで！**　見落としなくすべてのパターンを書きだすために**樹形図**を使うんです！

じゅけいず～？

はい。たとえば，次のイラストは，三つのサイコロを振って一つ目のサイコロが1だった場合の出目の，順列を調べる樹形図です。
こんなふうに，**全パターンを樹の枝のように書きだしていくのが，樹形図です。**

なるほど。たしかにこれで見落としはなくなりそうです。でも，このイラストは，一つ目のサイコロが1のときの場合ですよね。これををあと五つも書くのは大変そうだな……。

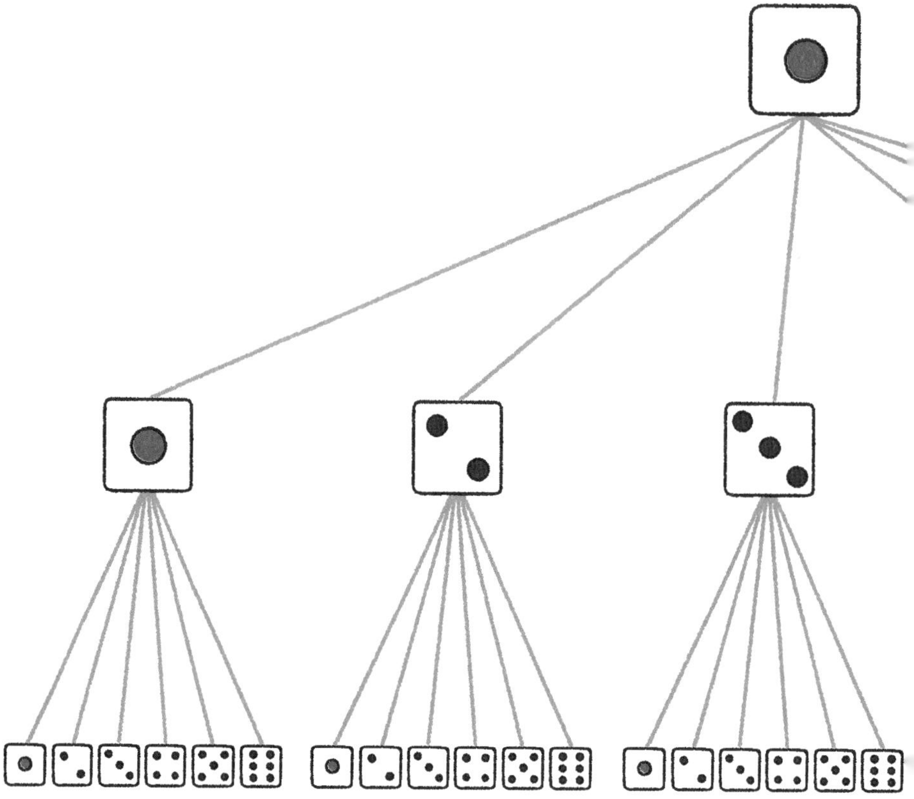

そうですよね。
ただ，この樹形図をながめていれば，サイコロの全パターンの数は簡単に推測できると思いますよ。

いやいや，わかんないです！

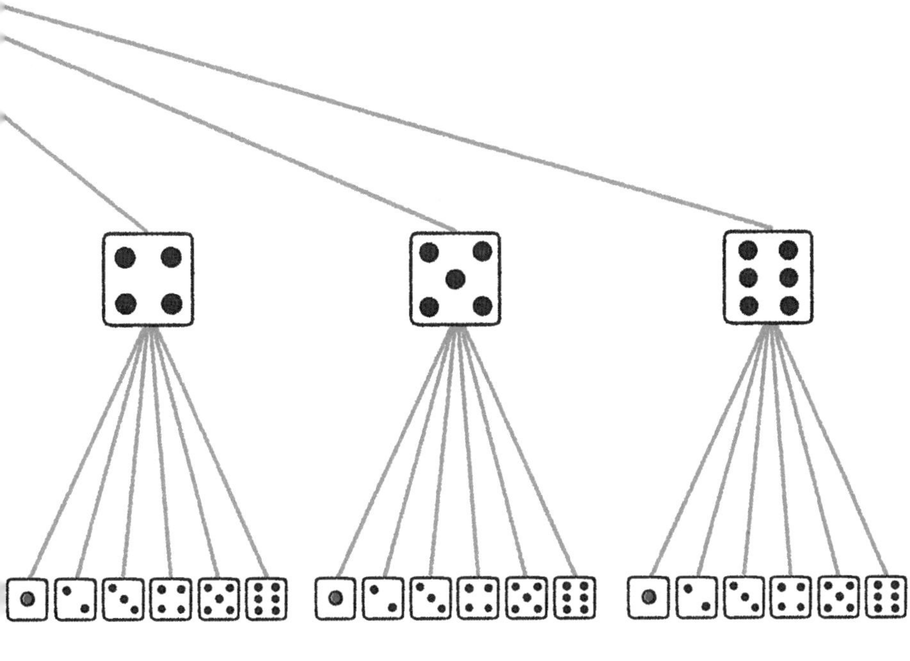

樹形図をよく見てみてください。
一つ目のサイコロが1の場合，二つ目のサイコロの出目のパターンは**6通り**ですよね。さらに，三つ目のサイコロの出目のパターンも**6通り**，というふうに枝分かれしています。
ということは，一つ目のサイコロが1の場合，残りの二つのサイコロの出目のパターンは，**6×6＝36通り**ということがわかります。
一つ目のサイコロの出目は1～6まであるので，三つのサイコロのパターンは，**6×6×6＝216通り**と計算できるわけです！

なぁんだ，単純。
サイコロの出目の数をかけ算すればよかっただけなんですね。

そうです。なぜかけ算をすればいいのか，樹形図を見れば**一目瞭然**でしょう？
樹形図をえがけば，場合の数をもれなく調べることができるんです。
でも，複雑な問題の場合は，樹形図を書くのに時間がかかってしまうため，**樹形図を書かずに計算だけで求めることが重要になってきます。**
場合の数を計算で求めるのは，ややテクニックが必要になるので，それは**STEP3**でまとめてお話します。

ドキドキ……。むずかしくなりそうですけど，がんばります……。

偉人伝❷

近代科学の父，ガリレオ・ガリレイ

イタリアの物理学者・天文学者・哲学者であるガリレオ・ガリレイ（1564～1642）は，1564年2月15日，斜塔で有名なピサの町で，音楽家の父，ヴィンチェンツォ・ガリレイの長男として生まれました。ガリレオは数学に興味をいだき，大学の数学の教授になりました。ガリレオは，サイコロを投げたときに出る目の確率について研究を行ったほか，数々の業績を残しました。

アリストテレスの理論を正す

ガリレオの時代，物体の運動の仕方については，重いものは軽いものより速く落ちるなど，古代ギリシアの哲学者アリストテレス（前384～前322）がとなえた説が根強く信じられていました。でもその説は，まちがっていました。ガリレオはアリストテレスの理論を正し，物体の落下する速度は，質量によらないことを示したのです。

また，発明されて間もない望遠鏡を自作して，天体観測を行いました。そして，月の表面に凹凸があることや，木星に衛星があることを発見しました。いずれも天文学史上に残る大発見です。

宗教との対立がつづいた

ガリレオは，コペルニクス（1473～1543）がとなえた「地動説」を支持し，従来の「天動説」を否定しました。ガリレオが批判したアリストテレスの理論や天動説は，キリスト教の教えと深く結びついていたため，ガリレオは教会側と対立しました。そして1633年，ガリレオは有罪判決を受け，最終的に教会側の主張を受け入れると誓います。

1642年，ガリレオは77歳で亡くなりました。多大なる業績にもかかわらず，公的な葬儀は行われませんでした。教会側が誤りを認め，ガリレオの名誉が正式に回復されるのは，死後350年たった1992年のことでした。

STEP 2

確率の計算をやってみよう！

確率の計算で欠かせないのが,「乗法定理」と「加法定理」です。ここでは，これらを使った，確率のいろいろな計算を見ていきましょう!

ギャンブルから発見された乗法定理と加法定理

17世紀のイタリアで，**ガリレオ**が三つのサイコロの目の合計について考察した一方で，17世紀のフランスでも，2人の大数学者が，確率論について手紙をやりとりしながら意見交換をしていました。
ブレーズ・パスカル（1623 ～ 1662）と**ピエール・ド・フェルマー**（1601 ～ 1665）です。

ブレーズ・パスカル
（1623 ～1662）

ピエール・ド・フェルマー
（1601 ～1665）

パスカルなら聞いたことがあります！

パスカルは，流体の圧力に関する**パスカルの原理**を発見するなど，さまざまな分野で業績を残した人物です。天気予報などでよく聞く**ヘクトパスカル**という大気圧の単位も，パスカルにちなんだ単位なんですよ。

パスカルは物理学だけでなく，確率論にもかかわっていたんですねぇ。

「**人間は考える葦である**」という言葉も有名ですよね。一方のフェルマーは，「**フェルマーの最終定理**」で有名な数学者です。

フェルマーの最終定理？

内容は割愛しますが，「フェルマーの最終定理」は，フェルマーの死後に発表された定理の一つです。しかし，この定理が記されたメモの横には「**余白がせまくて証明が書けない**」と書かれているだけで，具体的な証明は残されていませんでした。その後，多くの数学者が証明にいどみましたが，長い間，誰も完成させることはできなかったのです。
そして，証明できたのはなんと，**1994年！**

すごい！
フェルマーさんは400年にわたる謎を残したわけですね。

そういうことですね。
さて，かなり脱線しましたが，ともかく，本格的な**確率論**は，パスカルとフェルマーの2人がかわした**手紙**からはじまったんです。

2人はどんなやりとりをしていたんですか？

ずばり，**ギャンブル**についてです！
当時，**シュバリエ・ド・メレ**というギャンブル好きの貴族が，ギャンブルに関するいくつかの質問をパスカルにぶつけ，パスカルとフェルマーは手紙で相談しながら，問題を解決していたのです。
ド・メレの質問の一つは，次のようなものです。

AとBの2人が，先に3回勝った方を勝ちとする勝負をしています。

Aが2回勝ち，Bが1回勝ったところで勝負が中止になったら，A，Bそれぞれへの賭け金の返還は，いくらにすれば公平でしょうか？

いやいや，勝負が中止になったのなら，賭け金は2人に**全額返還**すればいいじゃないですか？

それじゃあ，2勝しているAがだまっていないでしょう。逆にBは負けそうだったから，ラッキー♪ということになります。
賭け金を公平に返還するにはどうすればよいのか，パスカルとフェルマーは考えたわけです。

うーん。勝負の途中で賭け金を公平に返還するなんて，可能なんだろうか？

やりとりの末，パスカルとフェルマーが出した答えは，次のようなものでした。

賭け金の公平な分配

Aの2勝1敗の時点で，
Aが先に3勝する確率は $\frac{3}{4}$。
Bが先に3勝する確率は $\frac{1}{4}$。

このことから，勝つ確率の高さに応じて，
3：1で賭け金を分ければ公平！

3：1で賭け金を分配……。
なぜこんな結果になったのでしょうか？

くわしく解説しましょう。右のイラストを見てください。1回の勝負でAが勝つ確率もBが勝つ確率も $\frac{1}{2}$ だとします。すると，実際には行われなかった4回目の勝負で，Aが勝つ確率は $\frac{1}{2}$ です。
この場合は決着がつき，Aの3勝となります。

ふむふむ。

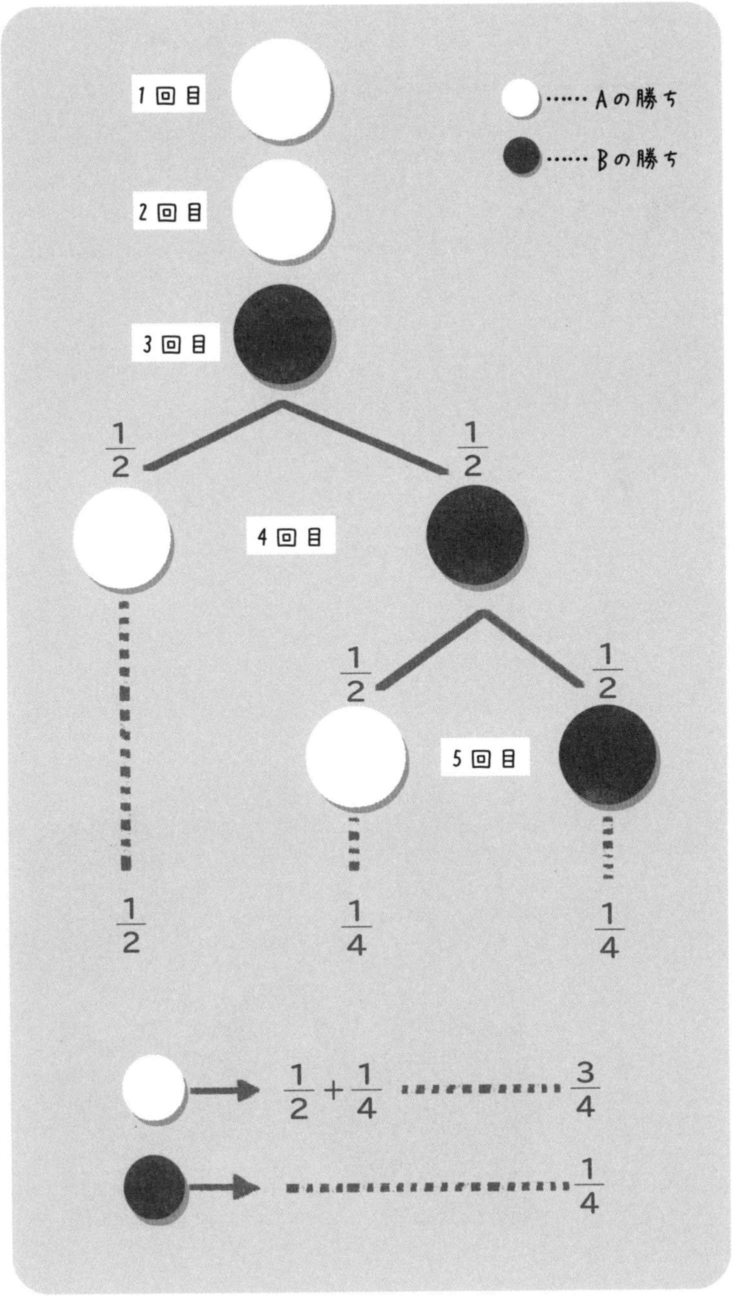

Aの勝ち
Bの勝ち
1回目
2回目
3回目
1/2
1/2
4回目
1/2
1/2
5回目
1/2
1/4
1/4
1/2 + 1/4
3/4
1/4

一方，4回目でBが勝って5回目の勝負に進み，そこでAが勝つ確率は，$\frac{1}{2}\times\frac{1}{2}=\frac{1}{4}$ です。
よって，この勝負でAが先に3回勝つ確率は，これらを足し合わせて$\frac{1}{2}+\frac{1}{4}=\frac{3}{4}$ と計算できます。

Aが2勝1敗の状態から3勝する**確率**を，計算で求めたわけですね。

はい。一方，Bが先に3勝するのは4回目でBが勝ち，5回目もBが勝つ場合のみです。
だから，その確率は$\frac{1}{2}\times\frac{1}{2}=\frac{1}{4}$ になります。
したがって，2人の賭け金の合計を**3：1**で分配すればよいことになります。

なるほど。
一件落着ですね！

これらの計算を振り返ってみましょう。

4回目でAが負けて，なおかつ5回目でAが勝つ確率は$\frac{1}{2}\times\frac{1}{2}$で求められましたね。

このように，**たがいの確率に影響をあたえない，複数の出来事（独立事象）が連続して同時におきる確率は，個々の出来事がおきる確率をかけあわせて求めることができます。**

本書ではこれを**乗法定理**とよぶことにしましょう。乗法定理は実はもう少し一般的です。ここでお話ししているのは独立事象の場合の乗法定理ですね。

ポイント！

乗法定理

たがいの確率に影響をあたえない，複数の出来事が，連続しておきる確率

→それぞれの出来事の確率をかけあわせて求める

例

4回目でAが負けて，5回目でAが勝つ確率＝

4回目でAが負ける確率　5回目でAが勝つ確率

$$\frac{1}{2}\times\frac{1}{2}=\frac{1}{4}$$

一方で，Aが最終的に勝者になる確率は，4回目にAが勝って勝負がつく確率$\frac{1}{2}$と，5回目にAが勝って勝負がつく確率$\frac{1}{4}$を足し合わせて求めましたね。

このように，**同時にはおきえない複数の出来事（排反事象）のうち，どちらかがおこる確率は，その確率を単純に足し合わせて求めることができます。**

これを**加法定理**といいます。

ポイント!

加法定理

同時にはおこりえない複数の出来事のうち，どちらかがおきる確率

→それぞれの出来事の確率を足し合わせて求める

例

Aが最終的に勝者になる確率＝

4回目に Aが勝って 勝負がつく確率		5回目に Aが勝って 勝負がつく確率		
$\frac{1}{2}$	+	$\frac{1}{4}$	=	$\frac{3}{4}$

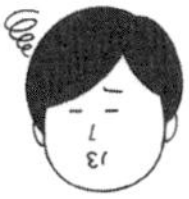

乗法定理を使うのか，加法定理を使うのか。

その判断が，むずかしそう。

先ほどの勝負を例に，加法定理と乗法定理の**練習**をしてみましょうか。

先ほどは，Aの2勝1敗で賭けが終了した場合を考えました。今度は，Aが**2勝0敗**の段階で，途中で賭けが終了する場合を考えてみましょう。

今回も3勝したほうが勝ち，ですね？

はい。そうです。

では，Aが2勝0敗の段階から，最終的に先に3勝する確率を求めてみてください。

え，えーと？　全然わかりません。

じゃあ，**ヒント**です。

Aが3勝をあげるには，次の3パターンあります。

①　3回目でAが勝つ

②　3回目でBが勝ち，4回目でAが勝つ

③　3回目と4回目でBが勝ち，
5回目でAが勝つ

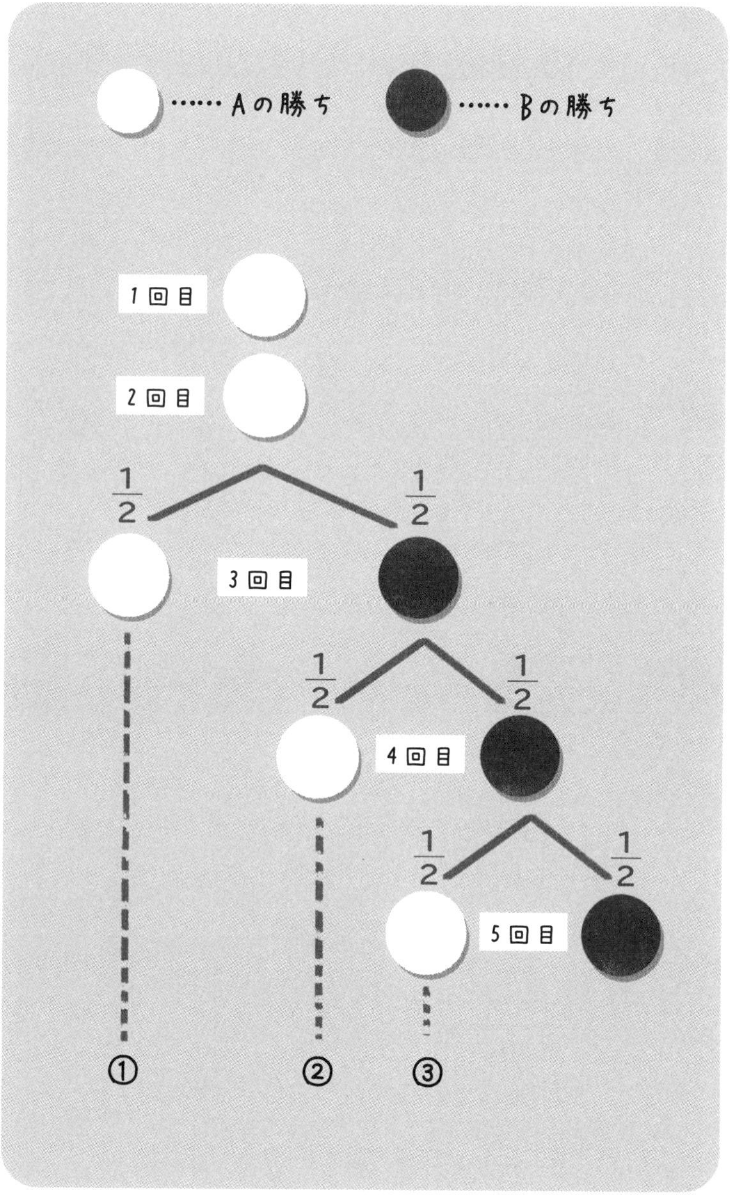
……Aの勝ち
……Bの勝ち
1回目
2回目
1/2
1/2
3回目
1/2
1/2
4回目
1/2
1/2
5回目
①
②
③

5回目までもつれこんで，Bが勝つとBの勝利になってしまいます。
さて，①〜③**の確率**をそれぞれ計算してみてください。

うーん。①ならわかりそう。
3回目でAが勝つ確率は単純に $\frac{1}{2}$ ですよね？

① 3回目でAが勝つ確率

$$\rightarrow \frac{1}{2}$$

でも，②と③は複雑でわかりません……。

そうむずかしくはないですよ。まず②を考えます。
3回目でBが勝つ確率は，$\frac{1}{2}$ です。
そして4回目でAが勝つ確率は $\frac{1}{2}$ です。
3回目にBが勝ち，かつ，4回目にAが勝つ確率，というのは，**乗法定理**にあてはまりますよね。
ということは，$\frac{1}{2} \times \frac{1}{2}$ で求めることができます。

② 3回目でBが勝ち，なおかつ
4回目でAが勝つ確率

$$\rightarrow \frac{1}{2} \times \frac{1}{2} = \frac{1}{4}$$

あっ，そうか！

じゃ，③の，3回目，4回目にBが勝ち，5回目にAが勝つ確率を求めてみてください。
②と同じように，**乗法定理**を使うんですよ。

えーっと，3回目にBが勝つ確率は$\frac{1}{2}$。4回目にBが勝つ確率も$\frac{1}{2}$。そして5回目にAが勝つ確率も$\frac{1}{2}$。
これらが連続しておきるわけなので，$\frac{1}{2}\times\frac{1}{2}\times\frac{1}{2}=\frac{1}{8}$ということですね！

② 3回目と4回目でBが勝ち，
5回目でAが勝つ確率

$$\rightarrow \frac{1}{2}\times\frac{1}{2}\times\frac{1}{2}=\frac{1}{8}$$

はい，正解！

これを図にまとめてみましょう。

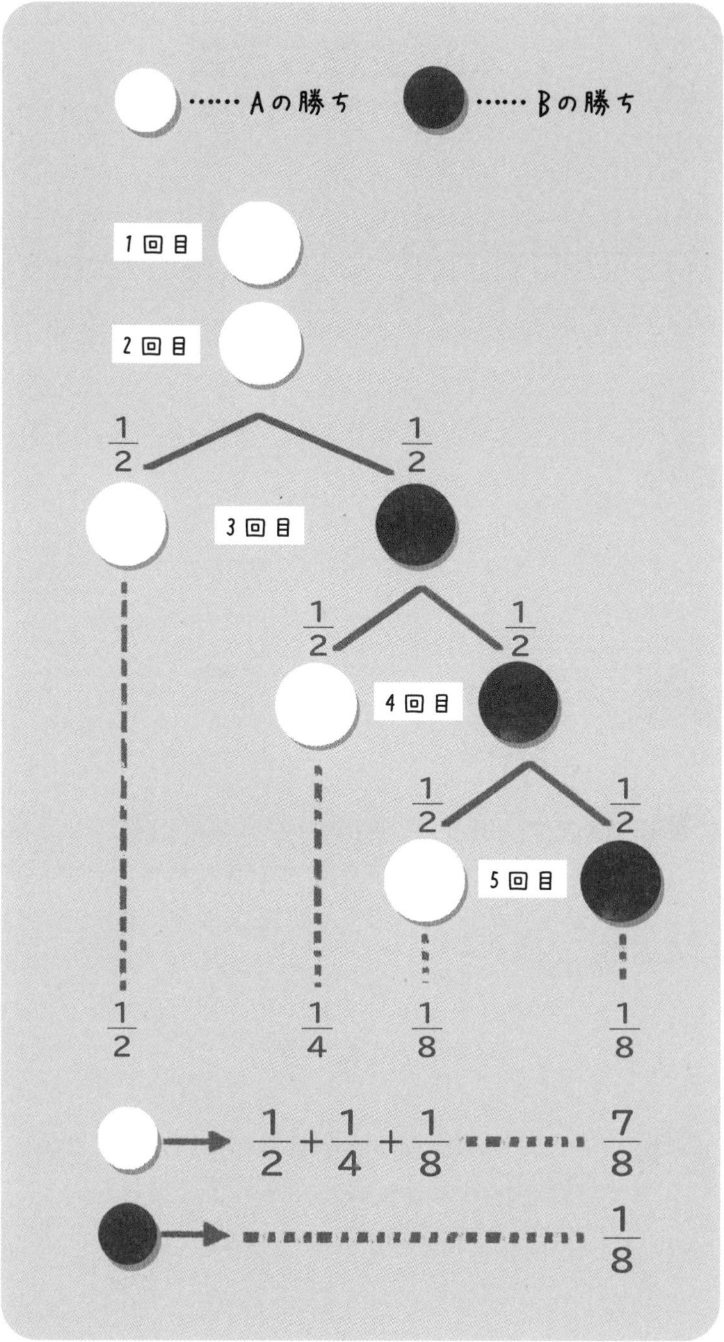
……Aの勝ち
……Bの勝ち
1回目
2回目
$\frac{1}{2}$
$\frac{1}{2}$
3回目
$\frac{1}{2}$
$\frac{1}{2}$
4回目
$\frac{1}{2}$
$\frac{1}{2}$
5回目
$\frac{1}{2}$
$\frac{1}{4}$
$\frac{1}{8}$
$\frac{1}{8}$
$\frac{1}{2}+\frac{1}{4}+\frac{1}{8}$ …… $\frac{7}{8}$
…… $\frac{1}{8}$

あとは①〜③のいずれかがおこればAの3勝！　ですからここは**加法定理の出番**です。
単純に，①〜③の確率を足し合わせましょう。

$$\frac{1}{2}+\frac{1}{4}+\frac{1}{8}=\frac{7}{8}$$

ということで，2勝0敗の段階から，Aが先に3勝する確率は$\frac{7}{8}$です。
したがって，2人の掛け金は，**7：1**で分配すればいいことになります。

ほぅ。2連勝すると，Aが先に3勝する確率はそうとう高くなるわけですね。

最後に一応，「Aが1勝0敗で賭けが終了した場合」の結果も見ておきましょう。右の図を見てください。
Aが3勝する確率は，Aが勝つ確率（赤色）をすべて足し合わせて，$\frac{11}{16}$。
一方Bが3勝する確率は，Bが勝つ確率（グレー）をすべて足し合わせて，$\frac{5}{16}$です。

えーと，Aが2勝1敗の状態からAが先に3勝する確率は$\frac{3}{4}$（$=\frac{12}{16}$）だったので，それよりもほんの少しだけ確率は下がりますね。

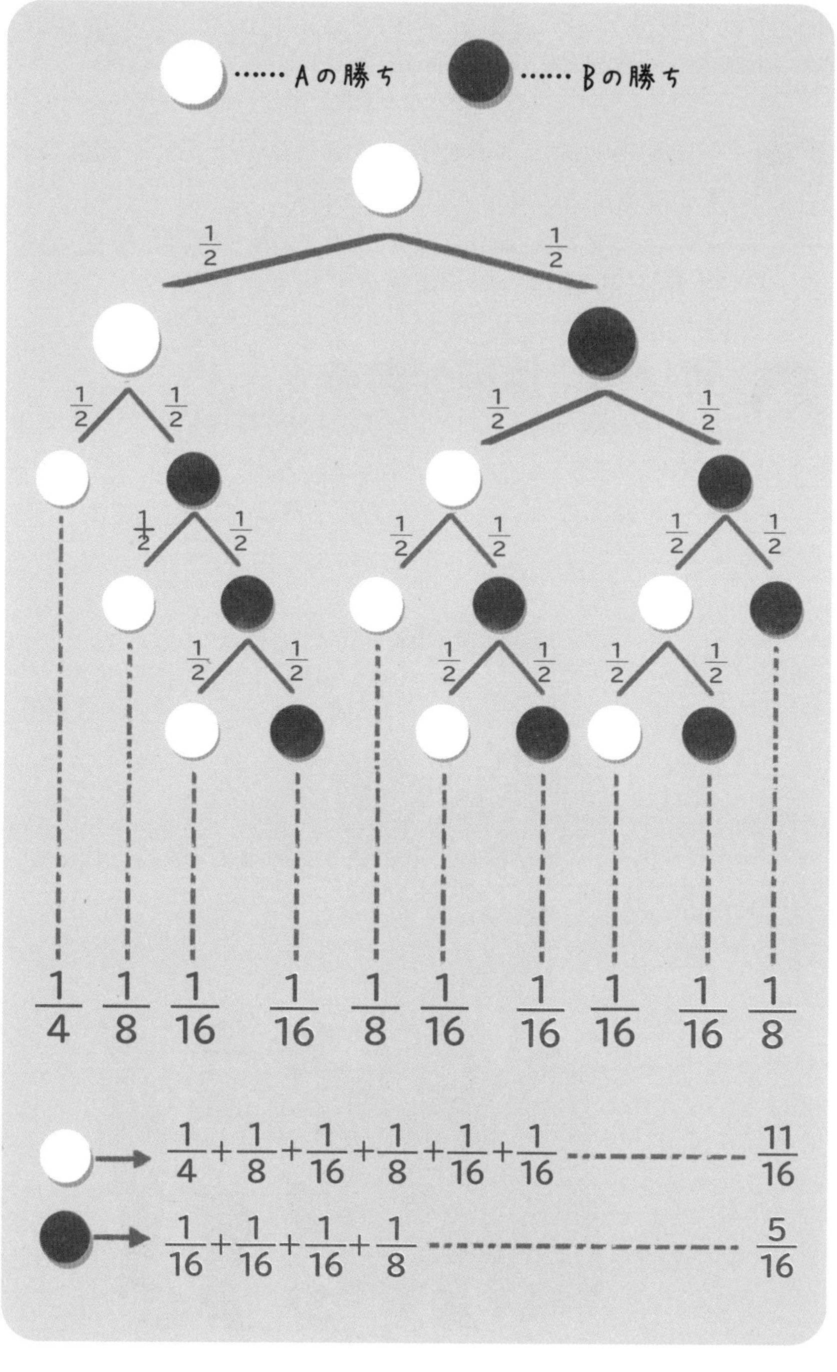
……Aの勝ち
……Bの勝ち
1/2
1/4 1/8 1/16 1/16 1/8 1/16 1/16 1/16 1/16 1/8
1/4 + 1/8 + 1/16 + 1/8 + 1/16 + 1/16 ……… 11/16
1/16 + 1/16 + 1/16 + 1/8 ……… 5/16

くじ引きの先と後，どちらがあたりやすい？

乗法定理と加法定理を理解できれば，一気にいろんな確率を計算できるようになりますよ。
次のテーマはくじ引きです。**くじを引く順番とあたりが出る確率**について考えてみましょう。

残り物には福がある！
だから私は，くじはいつもなるべく最後に引くようにしてるんです。
きっと最後に引いたほうがあたる確率は高いはず！

それはどうでしょうね。
ここに，はずれ99個，あたり1個のくじ引きがあります。
あたりが出れば，**豪華ハワイ旅行!!**
100人がくじを引くとします。

私は絶対最後に引きます！
後になるほどはずれの数が減っているはずだから，なるべく後から引いたほうが有利だと思います！
ハワイ行くぞ～！

フッフッフッ。それじゃあ，最初にくじを引く人から，順番にあたりを引く確率を求めてみましょう。
まず，「1人目があたりを引く確率」は？

えっ!?　あたりは100個中1個だから，$\frac{1}{100}$じゃないですか？

正解！　すごい！

いやいや，それほどでも。

じゃあ次に，「1人目がはずれで，2人目があたる確率」はどうでしょう？

うーん。2人目は，1人目が引いた後だから，くじの総数は99個。あたりは一つだから，2人目があたる確率は$\frac{1}{99}$でしょうか？

おしいっ！

さっきやった乗法定理を思いだしてください。
2人目があたりを引くには，1人目がはずれでないといけませんよね。だから次のように計算できます。

1人目がはずす確率　　2人目があてる確率

$$\frac{99}{100} \times \frac{1}{99}$$

つまり，2人目があたりを引く確率は $\frac{99}{100} \times \frac{1}{99} = \frac{1}{100}$ です。

ん？　1人目があたりを引く確率と同じですね！

では「3人目があたりを引く確率」を考えてみましょう。

えーっと，2人がはずして，3人目であたりが出る確率だから……。

1人目がはずす確率　　2人目がはずす確率　　3人目があてる確率

$$\frac{99}{100} \times \frac{98}{99} \times \frac{1}{98} = \frac{1}{100}$$

あれ？　やっぱり$\frac{1}{100}$だ。

もうおわかりだと思いますが，このような計算をつづけていくと，**何番目に引こうがあたりを引く確率は$\frac{1}{100}$であることがわかります。**
これをくじ引きの原理といいます。

残り物に福はなかった！

フフフ。さて，この例での重要なポイントは，「一度引いたくじはもどさない」ということです。したがって，100回引けば，必ずあたりを引くことができます。
くじを引く回数と，あたりを引く確率の関係は以下のようになります。

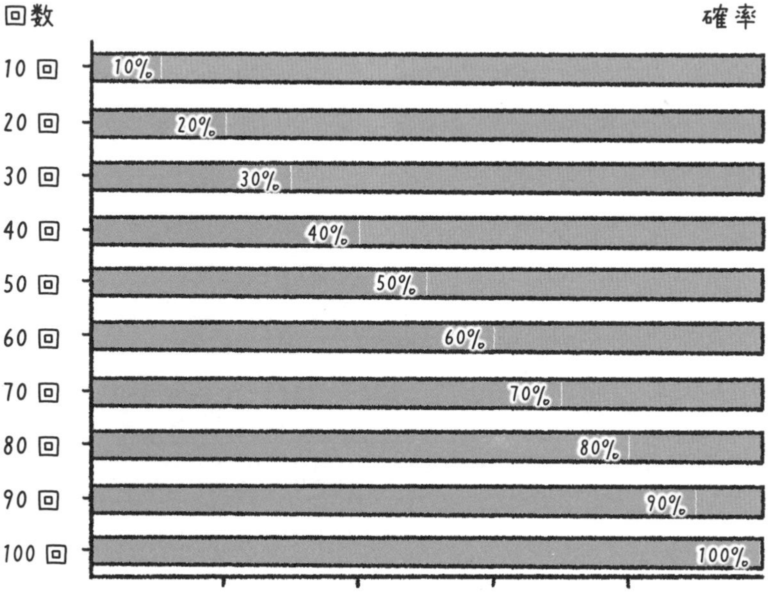

100回引けばあたる確率は100％……。くじが100個であたりが一つなんだから，よく考えたらあたり前ですね。

しかし，「引いたくじをもどす場合」は，事情が変わってきます。次はそのような例を考えてみましょう。

あたり1%のスマホガチャ，100回引いても37%で全敗

突然ですが，**スマホガチャ**って知っていますか？

ええ，スマートフォンのゲームの中で行われるくじ引きのことですよね。
実は私もあるゲームにはまっていて，強いキャラクターをガチャで引くために，**毎月うん万円課金**しているんです。ほしいキャラクターがいるんですけど，すっごくレアで全然あたらないんですよね……。

課金までしてるんですか……。
どっぷりですねぇ。

私のほしいキャラクターの出る確率は**1％**だと書いてあります。でも，課金までして100回以上引いたのに，全然あたらないんですよ。あたるのは弱いノーマルキャラばっかり……。
あたる確率1％のガチャで100回引けば，あたる確率は100％のはずですよねっ!?　なのにあたらないってことは……，**まさか詐欺なんでは!?**

まぁ落ち着いてください。スマホガチャの場合，さっきのくじ引きのように，100回引けば必ずあたると考えてはいけません！

えっ!?　なぜですか？

先ほどのくじ引きは，一度引いたくじはもどしません。
それに対し，**スマホガチャの場合は，くじを引いても（ガチャを回しても）くじが減るわけではありません。したがって，あたる確率は何回引いても変わらないんです。**

ど，どういうことでしょうか？

では，実際に100回引いて1度もあたらない確率を計算してみましょう。
1回引いてはずれる確率は$\frac{99}{100}$ですから，100回引いて100回ともはずれる確率は，次のように計算できます。

・1回引いてはずれる確率 $= \dfrac{99}{100}$

・100回連続ではずれる確率

$$= \left(\frac{99}{100}\right)^{100} \fallingdotseq 0.366$$

げげッ！ 1回引いてはずれることが，100回連続しておこる，ってことですね！

これも乗法定理ですね。

0.366ってことは……。

約36.6％の人は，100回ガチャを繰り返し回しても，レアなキャラクターを引きあてることはできない！　ということです。

そして私も，その36.6％に入っている，と……。
悲しい！　課金が止まらない！

じゃあ逆に，100回のうち，少なくとも1回はあたる確率はどのくらいでしょうか？

そんなの，36.6％の人が全部はずれるわけですから，100％－36.6％で，**63.4％**の人が100回のうち1回はあたるんじゃないですか？　私はちがいますけどね！

おおーっ，天才的ですね。正解です。
これを**余事象**といいます。

よじしょう？

余事象とは，ある出来事（事象）Aに対して，Aが発生しないことをいいます。
余事象の確率は，全体の確率1（100％）から，ある事象がおきる確率を引くことで求めることができます。
今回の場合，100回のうち少なくとも1回あたる事象は，100回すべて外れる事象の余事象にあたるわけです。

ポイント！

事象Aの余事象の確率
＝1－事象Aの確率

ということで，少なくとも1回あたる確率は，1－0.366＝0.634となります。

あたる確率1％のスマホガチャを100回繰り返しても，レアなキャラクターを手に入れることができる確率は**約63.4％**に過ぎないのか……。

さらに，先ほどのくじ引きとはことなり，引く回数をどれだけ増やしたとしても，あたる確率が1（＝100％）になることはありません。

これが，**スマホガチャの怖いところです。**

くじ引きとスマホガチャの，引く回数とあたる確率の変化をグラフで見てみましょう。

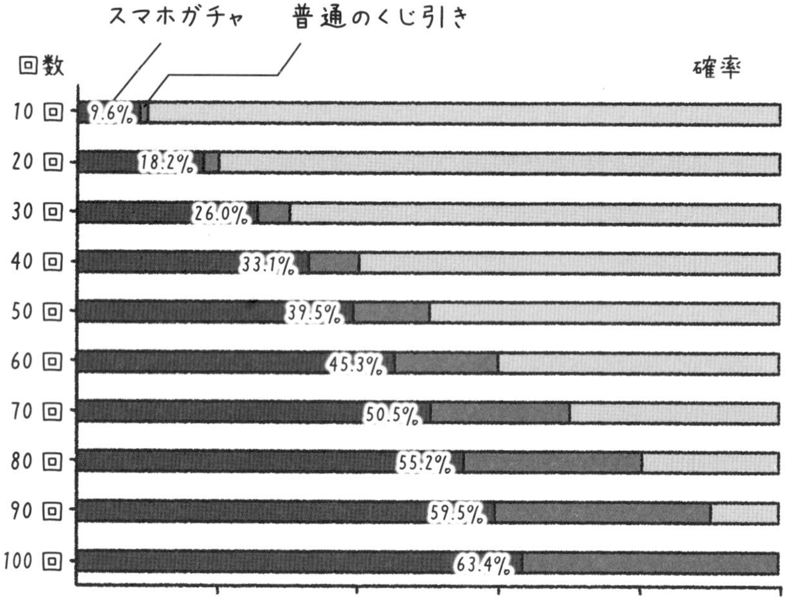

うわー！
くじ引きは，引く回数とともにあたる確率も高くなりますけど，スマホガチャは，引く回数が増えるにしたがって，あたる確率の伸びが小さくなっていっているようですね。

そうなんです。
1％のスマホガチャのあたる確率を99％以上にするには，
459回以上引く必要があるんです。

なかなかあたらず，**ムキになってガチャを回してしまう……。**
スマホガチャって，うまくできてるなあ……。気をつけよう。

大学に現役合格する確率を余事象で考えよう

スマホガチャのところで，余事象について簡単に紹介したので，もう一つ，余事象を使った確率の計算をやってみましょう。

余事象は，**ある出来事がおきない**ってことですね。

そうです！
では早速，次のような確率の問題を解いてみましょう。

問題

ある受験生は，A，B，C，D，E，Fの六つの大学を受験する予定です。この受験生の学力から計算された各大学の合格確率は，Aから順に30%，30%，20%，20%，10%，10%です。

この受験生が少なくとも一つの大学に合格する確率はいくらでしょうか？

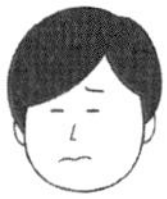

むむむ？
どのように考えればいいんですかね？

計算の方法は，実はいくつかあります。
まず一つ目は，「地道に計算する方法」です。

地道に計算……。

少なくとも一つの大学に合格する確率なので，「A大学に合格」「A大学に不合格→B大学に合格」「A大学に不合格→B大学に不合格→C大学に合格」……。と，すべての場合にわけて計算し，それらを足し合わせる方法です。先ほどのフェルマーとパスカルのときの話に少し似ていますね。

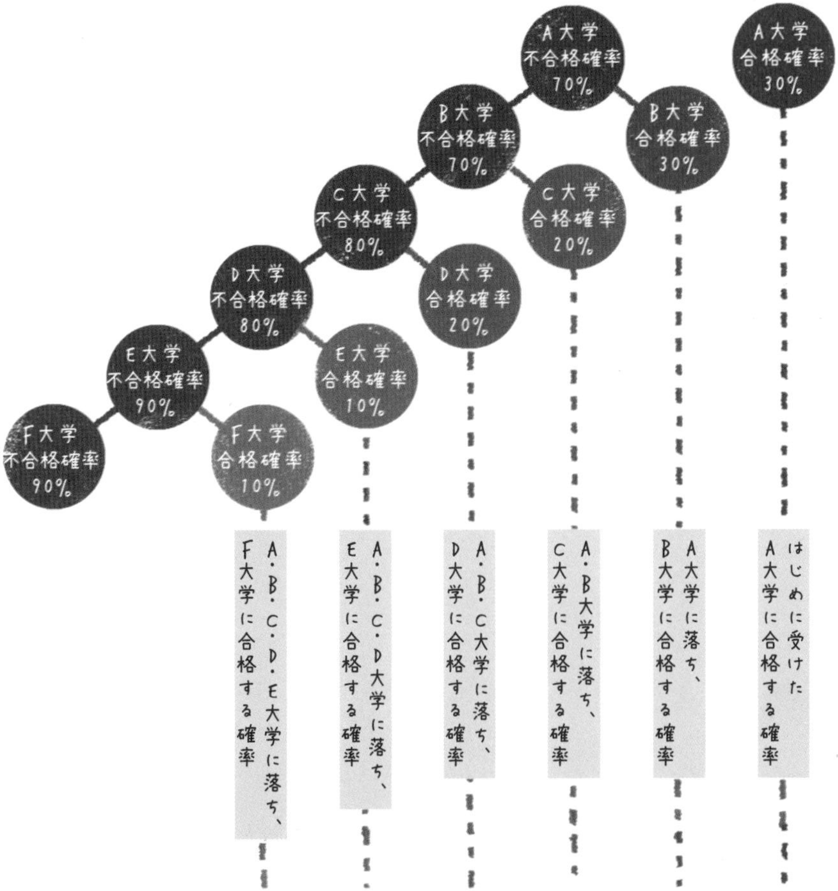

Ⓐ×Ⓑ×Ⓒ×Ⓓ×Ⓔ×Ⓕ　Ⓐ×Ⓑ×Ⓒ×Ⓓ×Ⓔ　Ⓐ×Ⓑ×Ⓒ×Ⓓ　Ⓐ×Ⓑ×Ⓒ　Ⓐ×Ⓑ　Ⓐ

$$\frac{28224}{1000000}+\frac{3136}{100000}+\frac{784}{10000}+\frac{98}{1000}+\frac{21}{100}+\frac{3}{10}$$

≒74.6％

ぎゃーっ！　大変すぎる！
そんなたくさんの計算やってられません！

そこで！
余事象を使うと，計算が超簡単になるんです！

お，ここで余事象が登場か。
どのように使うんでしょうか？

「少なくとも一つの大学に合格する」，という事象は，「すべての大学に不合格となる」という事象の余事象にあたります。
ですから，まず，すべての大学に不合格となる確率を求めて，その確率を1（100％）から引けばいいんです。

なるほど！　でも，すべての大学に不合格になる確率はどう求めれば……？

すべての大学に不合格になる確率とはつまり，A大学からF大学まで，ぜーんぶ不合格になる確率，ってことですよね？

そうか！
A大学に合格する確率が30％なので，不合格になる確率は70％（$=\frac{7}{10}$）。
そして，それぞれの大学に落ちる確率を出して，それらをかければいいのか！
やってみます！

すべての大学に
不合格になる確率は？

A大学 不合格確率　$\frac{7}{10}$

×

B大学 不合格確率　$\frac{7}{10}$

×

C大学 不合格確率　$\frac{8}{10}$

×

D大学 不合格確率　$\frac{8}{10}$

×

E大学 不合格確率　$\frac{9}{10}$

×

F大学 不合格確率　$\frac{9}{10}$

≒

25.4%

すべての大学に不合格になる確率は，**約25.4%**になりました。

できましたね！　では，少なくとも一つの大学に合格する確率は？

100%から，すべての大学に不合格になる確率を引けばいいので……。

少なくとも一つの大学に合格する確率

確率全体　　すべての大学に不合格になる確率

= 100% − 約 25.4% = 約 74.6%

だいたい**約75%**ですね。

正解！

これは，111ページのように，地道に場合分けをして計算した結果と同じになります。

ただ，計算は余事象を使ったほうがずいぶんラクだったでしょう？

計算の数がずいぶん少なくてすむんですね。

余事象，便利！

ところで，少なくとも一つの大学に合格する確率が75％って，意外と高いんですね。それぞれの大学に合格する確率はせいぜい30％くらいだったのに。

そうなんです。
一つ一つの合格率は低くても，多くの大学を受験すれば，計算上，合格を勝ち取る可能性は高くなるんです。

合格できる確率が低いからといってあきらめるんじゃなくて，とにかくどんどん数を増やせば，すべて落ちる確率を低くすることができるんですね。

はい。そうなんです。
このように，**一つ一つの確率が低くても，組み合わさると大きな確率になることがあるんです。**

ほかにも同じような例はあるんですか？

たとえば，100個の部品からなり，そのうち1個でも不良品があると作動しない工業製品があるとします。
それぞれの部品が正常なものである確率が99％だとすると，この製品が作動しない確率（少なくとも1個が不良品の確率）は，$1-\left(\frac{99}{100}\right)^{100}$，つまり**約63.4％**となります。

うわ！
一つ一つの部品が不良品である確率はたったの1％なのに，それが100個分集まると，作動しない確率は60％以上になる……。
たった1％が命取りになるんですね！

確率の基本問題に挑戦！

じゃあ，ここまでの復習をかねて，いくつか簡単な確率の問題に挑戦してもらいましょうか！

できるかな……。

問題

賭け事が大好きな田中くんは，友人の鈴木くんとサイコロを振って，出る目の数をあてるという単純なゲームをすることにしました。田中くん，鈴木くんの順番で，交互に出る目を推測し，あたったら勝ちというしくみです。30回分のゲームを終えてみて，出た目の数は右の表の通りでした。「1」の目は一度も出てきませんでした。

31回目のゲームで，田中くんは，「30回も振って一度も1の目が出ていないのだから，次こそは1の目が出るだろう」と思いました。

はたして，31回目に1の目が出る確率は？

む，むず……。でもなんだかいけそうな気がする。
まず，1回のゲームで1が出ない確率は$\frac{5}{6}$ですよね。だから，31回連続で1が出ない確率は$\left(\frac{5}{6}\right)^{31}$になりますね！

はい。

サイコロの目						
出た回数	0	5	6	8	3	8

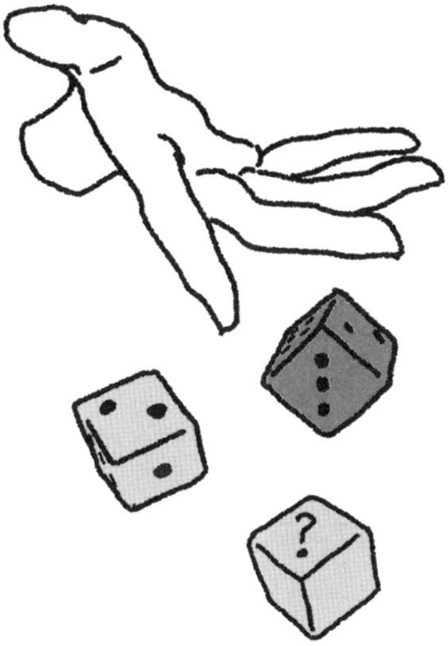

電卓で$(\frac{5}{6})^{31}$を計算すると……，0.35％になりました。
余事象を使って，31回のうち1度はあたる確率を計算すると，100％－0.35％＝99.65％です。
1の目は，30回出ていなかったわけですから，次の31回目に1の目が出る確率は99.65％です！
めっちゃ高確率で1の目出ますよ！
わー！　こんなむずかしい計算できた。確率マスターとよんでください！

ぶっぶー!!　残念!!
いやぁ，大きな誤解をしていますね。

えぇっ？　なぜですか？
ちゃんと習った通り，余事象も使ってがんばって計算したのに～!?

2時間目の最初に説明したことを忘れていませんか？
サイコロは，過去の結果に関係なく，どの目が出る確率もつねに$\frac{1}{6}$です。
つまり，30回つづけて1の目が出ていなかったとしても，逆に1の目が頻繁に出ていたとしても，31回目に1の目が出る確率は，**つねに$\frac{1}{6}$**なんです。

そうだった！
で，でも，1の目が31回出ない確率は，$(\frac{5}{6})^{31}$で，約**0.35％**ですよねっ？

0.35％は，あくまで「31回つづけて1の目が出ない確率」であって，31回目に1の目が出ない確率でありません。
1の目がずっとつづかないと，次に1の目が出る確率が高くなると考えてしまいがちですが，全然そんなことはありません。
まさに**ギャンブラーの誤謬！**

ああ〜っ！
完全に引っかかった〜。

じゃあ，気をとりなおして，2題目いきましょう！

問題

これから伝言ゲームを行います。「イエス」か「ノー」かを，参加者の間で次々に伝えていきます。このとき，参加者は次の人に90%の確率で正しい伝言を伝えますが，10%の確率でまちがった伝言を伝えてしまいます。

一番目の人に「イエス」の伝言が伝えられたとき，3番目の人に「ノー」の伝言が伝わる確率は？

ぎゃーっ，これまたむずかしそう……。
な，なにかヒントを～。

パスカルとフェルマーのときを思いだしてみてください。**「ノー」が伝わるパターン**をすべて考えて，それぞれの確率を求めるといいですよ。

うーん，3番目の人に「ノー」が伝わるのは……。

① 1人目「ノー」→
2人目「ノー」→3人目

② 1人目「イエス」→
2人目「ノー」→3人目

2通りでしょうか？

そうですね。
じゃあ，それぞれの確率を計算してみましょう。

まず①1人目「ノー」→2人目「ノー」→3人目の確率を考えてみます。

1人目には最初に「イエス」が伝えられているので，2人目に「ノー」を伝える確率は**10%**ですね。
次に2人目が，それをそのまま3人目に伝える確率は，**90%**です。
ということは，2人目「ノー」かつ，3人目「ノー」で伝わる確率は……

$$\frac{1}{10} \times \frac{9}{10} = \frac{9}{100}$$

9%ってことですね。

大正解！　その調子です！
じゃあ，次は②を計算してみてください。

1人目が2人目に「イエス」を伝える確率は**90%**。
2人目が3人目に「ノー」と伝える確率は**10%**。
だから，1人目「イエス」かつ，2人目「ノー」の確率は，
$\frac{9}{10}\times\frac{1}{10}=\frac{9}{100}$で，こちらも**9%**ですね。

はい！ じゃあ3人目に「ノー」が伝わる確率は？

ええと，①か②のどちらかがおこればいいので，二つの確率を足し合わせればいいんですね。

$$\frac{9}{100}+\frac{9}{100}=\frac{18}{100}$$

ということで，３人目に「ノー」が伝わる確率は18%だと思います！

完璧です！

そして逆に，余事象であるイエスが伝わる確率は82%となりますね。

おっしゃー！

ちなみに，4番目以降も同様の計算をしていくと，それぞれの確率は，次の表のようになります。**「ノー」と伝わる確率は，徐々に50%に近づいていくんですよ。**

へぇ，1人目に「イエス」と伝えられたとしても，伝言をずーっとつづけていくと，「イエス」と「ノー」，どちらも伝わる確率は半々になるんですね！

面白い！

	「イエス」と伝わる確率	「ノー」と伝わる確率
1番目	100%	0%
2番目	90%	10%
3番目	82%	18%
4番目	75.6%	24.4%
5番目	70.48%	29.52%
6番目	約66.38%	約33.62%
7番目	約63.11%	約36.89%
8番目	約60.49%	約39.51%
9番目	約58.39%	約41.61%
10番目	約56.71%	約43.29%
	⋮	
48番目	約50%	約50%
49番目	約50%	約50%
50番目	約50%	約50%

STEP 3

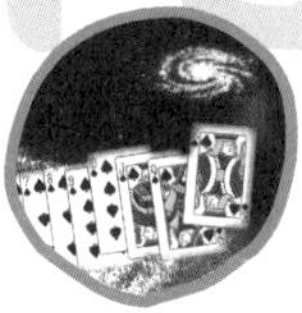

場合の数を，もっと くわしく数えてみよう！

ここでは，STEP 1で紹介した「場合の数」を求める方法を，よりくわしく見ていきましょう。場合の数を考えるのに欠かせない「階乗」「順列」「組み合わせ」について紹介します。

1から4の4枚のカードの並び順はいくつある?

2時間目のSTEP1で，確率を計算するには，**場合の数**を求めることが非常に重要だとお話ししましたね。

場合の数＝ある事象がおこる場合が何通りあるのかを示す数

場合の数と確率は切っても切れない関係にありますから，ここで一つ，場合の数の求め方をくわしく見ていきましょう。
ただし，かなり発展的な内容なので，むずかしければ，STEP3は飛ばして，先に3時間目に進んでもいいですよ。

げーっ，むずかしいんですか……。
でも，たしか場合の数は，**樹形図**を使えば数えられるんでしたよね。それじゃあだめなんですか？

たしかに，樹形図で考えるのが，ここでも基本になります。でも，**複雑な場合やパターンが多い場合**は，樹形図にするのはとても大変です。

そこで！

「樹形図ではなく，計算で場合の数を求めよう！」というのが，STEP3の目標です。

計算で求める……。一番苦手なやつ……。
でも，とりあえず，**がんばってみます！**

STEP3では，カードの並べ方を例に，場合の数の計算に欠かせない，次の三つの項目を習得していきましょう。

①階乗：4枚のカードの並べ方は何通りか？

②順列：4枚のカードから2枚を選ぶとき，
その並べ方は何通りか？

③組み合わせ：4枚のカードから2枚を選ぶ
とき，その選び方は何通りか？

いきなりむずかしい単語ばっかり!!

一つずつ丁寧に解説しますから大丈夫！

では，まず**階乗**からいきましょう。
まず，この質問を考えてみてください。

ここに1～4の4枚のカードがあります。
この4枚のカードで4桁の数字をつくるとき，
4枚のカードの並べ方は何通りあるでしょうか？

えっ，いきなり!?
そんなのわかんないです！

大丈夫。まず最初にくる数字は，1～4の数字のすべてがありえますよね？　それを，STEP1でやった**樹形図**で考えるといいですよ。

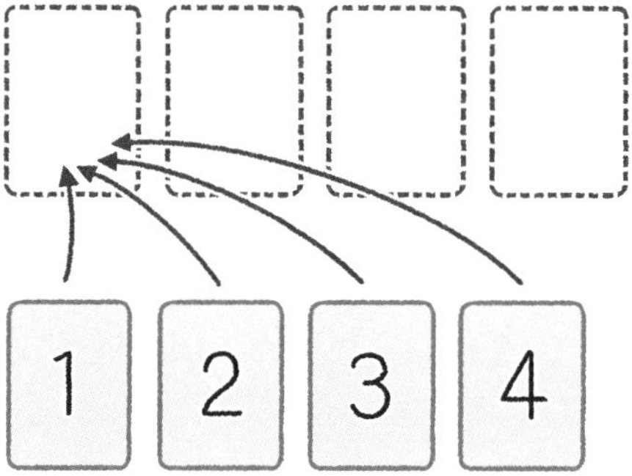

そっか，樹形図か。
1枚目には，1～4のどのカードもくる可能性がある……。
2枚目には，1枚目で選んだカード以外のカードがくると。
これを繰り返して，樹形図を書いてみます。

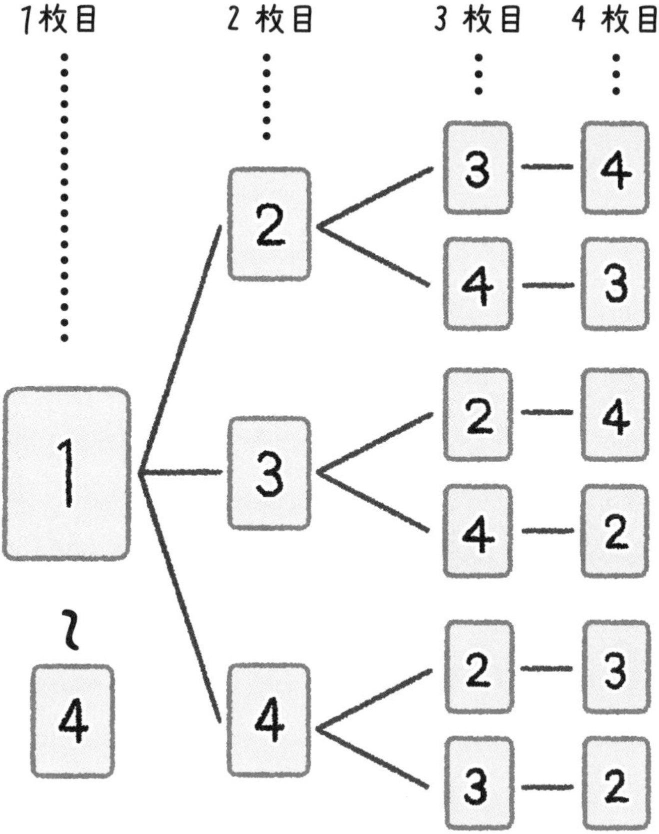

とりあえず，1が最初にくる場合を書きだしました。
全部で**6通り**ですね。
1枚目にくるカードは，1～4の4種類あるので，4枚のカードの並び方は，全部で**4×6=24通り**だと思います！

正解です！　樹形図はもう完璧ですね。ただ，樹形図は便利なんですけど，たくさんのパターンをいちいち書きだすのは大変じゃないですか？

たしかに，とても面倒くさ…… いや，大変だと思います。

そこで！　今の答えを**計算**で出してみましょう。

計算で？　いったいどうやって？

樹形図をじっくり見てください。
1枚目のカードは，4通りの場合があります。1枚目のカードが決まると，2枚目のカードは1枚目以外の**3通り**です。同じように2枚目が決まると，3枚目のカードは**2通り**です。そして，4枚目のカードは残った**1通り**だけです。

あ，一つずつ数が減っていきますね。

はい，その通りです！
ここから，樹形図にえがいた4枚のカードの並べ方のパターンは，**4×3×2×1＝24通り**だとわかります。

おおっ！　たしかに。

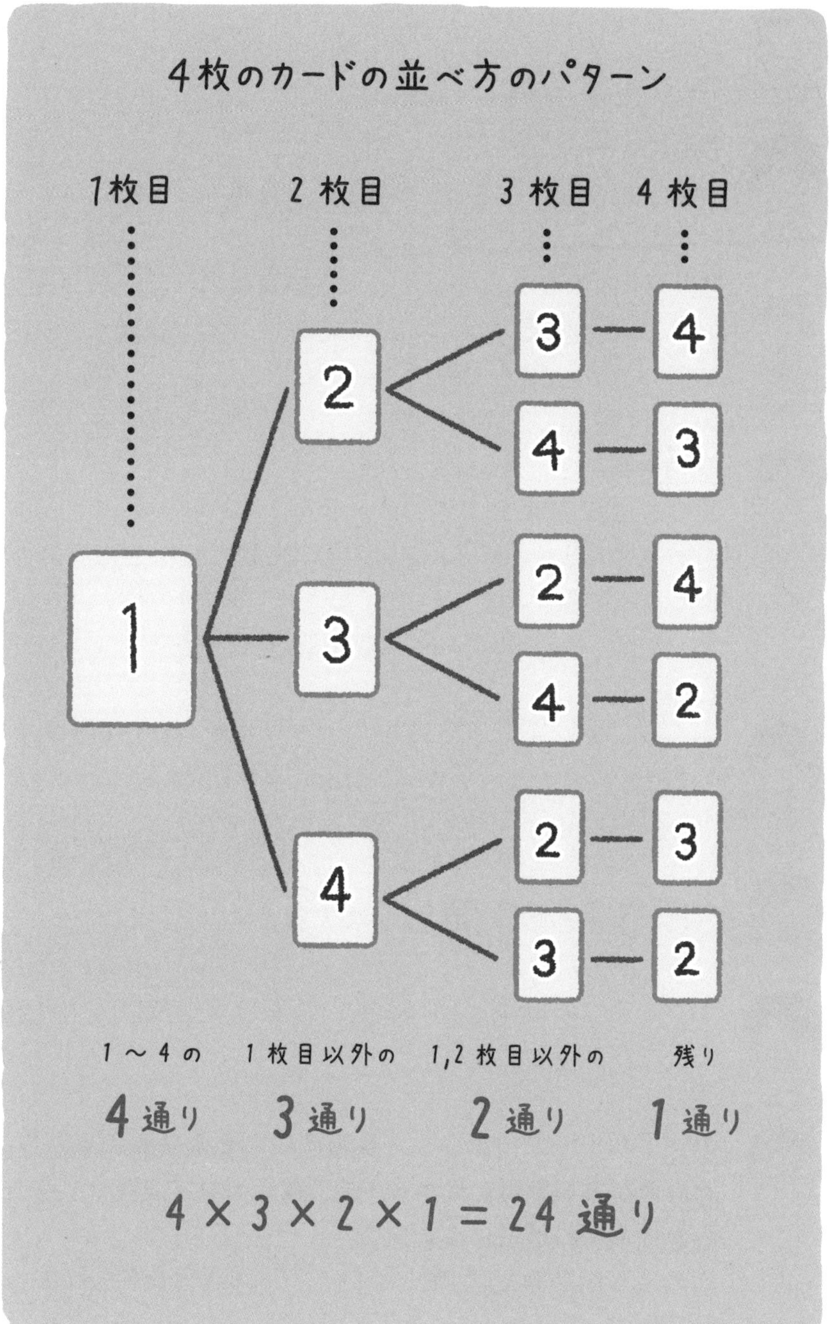
4枚のカードの並べ方のパターン
1枚目
2枚目
3枚目
4枚目
1
2
3
4
3
4
4
3
2
4
4
2
2
3
3
2
1～4の
4通り
1枚目以外の
3通り
1,2枚目以外の
2通り
残り
1通り
4×3×2×1＝24通り

じゃあ次に5枚のカードの並べ方はどうでしょう？。4枚のときとまったく同じ考え方ですよ。

うーん……。
1枚目にくるカードは，5通り。2枚目が，1枚目のカードが使えないので4通り。3枚目は，さらに一つ減って3通り。4枚目が2通り。そして5枚目は残った1通り。ということは，**5×4×3×2×1＝120通り**ですか？

大正解！
四つを並び替えるときは4×3×2×1＝24通り。五つであれば，5×4×3×2×1＝120通り。もっと数が大きくなっても，計算できそうな気がしませんか？
たとえば，**9枚のカードの並び方**はどうでしょうか？

そうか，数を一つずつ減らしてかけ算すればいいんだ！
9枚のカードの並べ方なら，9×8×7×6×5×4×3×2×1＝……。

36万2880通り，ですね。

うわ，めっちゃ多い。たしかに，これを樹形図で書くなんて，ちょっと無理。

ですよね！　このように，**n個の要素を並び替えるとき，その並び方の数は，nから1まで数を一つずつ減らしながらかけ算すればいいんです！**
このような計算を**階乗**といい，「！」の記号を使ってあらわします。

たとえば4枚のカードの並べ方の数であれば，**4の階乗**といい，**4!**とあらわします。

ポイント！

n個の要素を並び替えるとき，
並び方の総数は，

$$n! = n \times (n-1) \times (n-2) \times \cdots\cdots \times 1$$

例

- 4枚のカードの並べ方（4の階乗）
  $4! = 4 \times 3 \times 2 \times 1 = 24$
- 5枚のカードの並べ方（5の階乗）
  $5! = 5 \times 4 \times 3 \times 2 \times 1 = 120$
- 9枚のカードの並べ方（9の階乗）
  $9! = 9 \times 8 \times 7 \times 6 \times 5 \times 4 \times 3 \times 2 \times 1$
  $= 362880$

びっくりマーク!?

これって数学の記号だったんですか？

そうですよ。！の前の数字が大きくなると，計算の結果がびっくりするほど急激に大きくなることから，！の記号が使われたといわれています。
複数の要素の並び替えのパターンの数は，わざわざ樹形図を書かなくても，階乗を使うと一発で数えることができます。
階乗は，このあとにも頻繁に出てくるので，しっかりとマスターしておいてください！

1から4の4枚のカードで2桁の数字はいくつできる？

では，どんどんいきましょう！
次は**順列**です。
ここでは**4枚のカードから2枚**を取りだしたとき，2桁の数字がいくつできるのかを考えます。
最初に取りだしたカードを10の位，次に取りだしたカードを1の位にします。

うわっ，**さっきより複雑。**

迷ったときは，まず樹形図を書いてみてもいいですよ。

そっか，やっぱり基本は樹形図なんですね。
この場合も，数字の1桁目に使ったカードは2桁目には使えないから……。

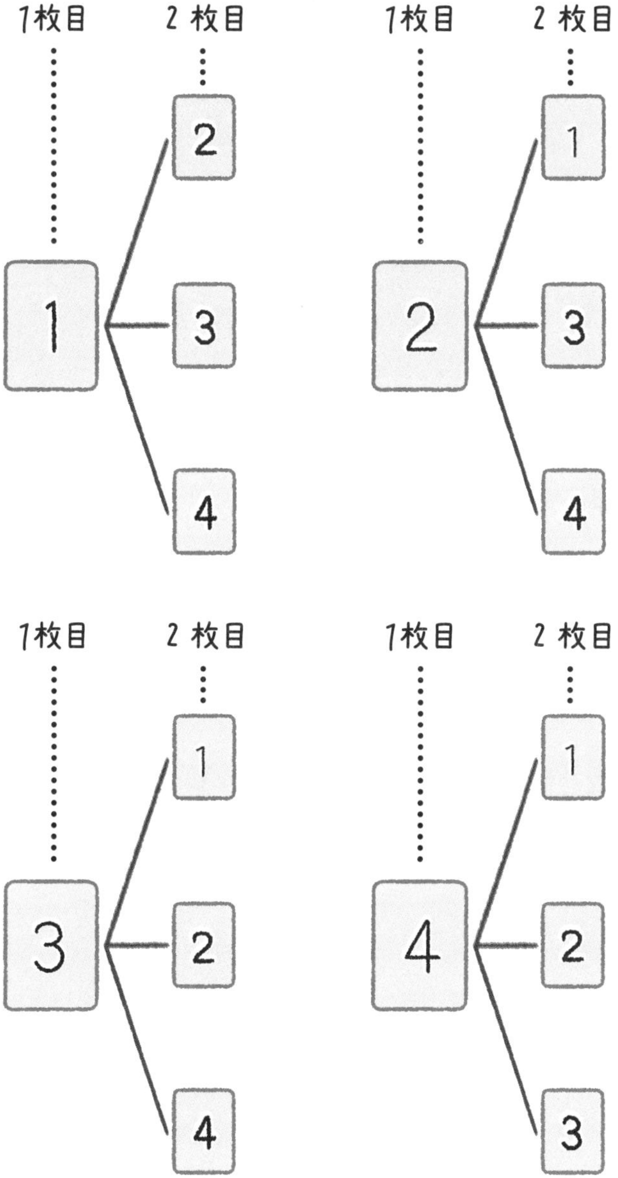

樹形図にするとこうですかね？

その通りです。10の位の数字は，1～4の**4通り**ありますね。
一方，1の位は10の位に使った数字を使えないので，それぞれ**3通り**です。したがって，

4枚のカードからできる2桁の数字
$4 \times 3 = 12$ 通り

ふむふむ。

同じ考え方をすれば，桁数やカードの枚数が変わっても簡単に計算で求められるはずです。
たとえば4枚のカードから3枚を取りだしたとき，3桁の数字はいくつできるでしょうか？

うーん，ちょっとわからないので，100の位が1のときだけ，樹形図を書いてみます。

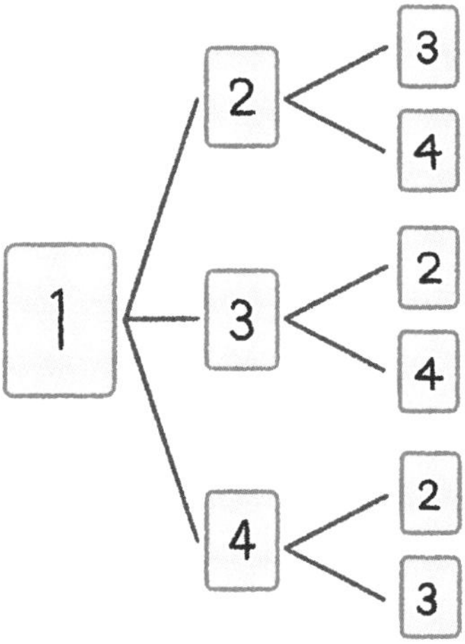

そうか，100の位は4通り。10の位は3通り。1の位は2通りなので，4×3×2で，**24通り**ですか？
階乗の計算を途中までやる，みたいな感じですね。

大正解～！
このように，たとえば，四つの要素から二つを選んで並べるとき，その並べ方は $_4P_2$ と書きます。四つの要素から三つなら，$_4P_3$ です。

ポイント！

n個の要素からr個選んで並べるとき，並べ方の総数は，

$$_nP_r = \underbrace{n \times (n-1) \times (n-2) \times \cdots\cdots (n-r+1)}_{r\text{個}}$$

例

- 4枚のカードから2枚を選んだときの並べ方
  $_4P_2 = 4 \times 3 = 12$ 通り
- 4枚のカードから3枚を選んだときの並べ方
  $_4P_3 = 4 \times 3 \times 2 = 24$ 通り

P

ピ，Ｐ？

はい。順列という意味の英語「permutation」の頭文字をとっているんですよ。そして，Ｐの左側の数字から，数を一つずつ減らしながら，Ｐの右側の数字の回数だけかけ算します。これが順列の求め方です。
たとえば，９枚のカードから３枚を選んで３桁の数をつくるときは，次のように計算できます。

９枚のカードから３枚を選ぶときの並べ方

$_9P_3 = 9 \times 8 \times 7 = 504$ 通り

便利ですね！

そうでしょ？
Ｐの左側の９から数を一つずつ減らしながら，右側の数だけ，掛け算したんです。

なるほど～！

では，ここで一つ練習問題！

問題

ここに5人の男性がいます。5人のうち3人を選んで並べるとき，何通りのパターンができるでしょうか？

今やった，順列を使うんですよね？
えーと，カードのときは，9枚から2枚を選んで並べるときに$_9P_2$でした。だから今回は$_5P_3$でしょうか？

正解！
では$_5P_3$を計算してください。

5からスタートで，数を一つずつ減らしながら3回掛け算するわけですね。

$${}_5P_3 = 5 \times 4 \times 3 = 60$$

できました！　**60パターン**ですね。
意外と多いですね。

OK　！
もう順列については，マスターしましたね！

ど，どうでしょうか……。

1から9の9枚のカードから2枚を選ぶ組み合せは何通り？

さて，次は**組み合わせ**について考えていきますよ。
先ほどは，4枚のカードから2枚を選んで並べる状況を考えました。今度は**9枚のカードから同時に2枚**を選びます。このとき，2枚のカードの組み合わせが何通りできるか，を考えてみてください。

2桁の数字をつくるんじゃなくて，どういうコンビをつくるか，その**選び方の数**ってことですね。
うーん。わかりませんっ！

大丈夫ですよ。まず，順列では，順番のちがいを考慮しましたよね。たとえば「1」と「2」なら，順列では（1，2）（2，1）を区別して2パターンと考えました。しかし，組み合わせでは，順番は関係なく，「1，2を選んだ」＝1パターンと考えます。

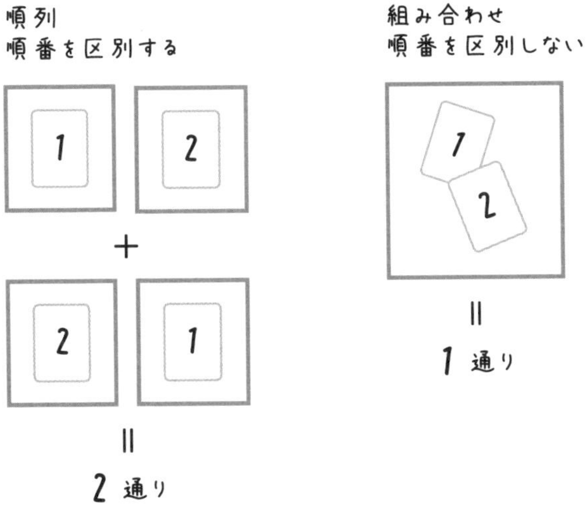

「順列」とちがって，並び方のちがいを区別しない分，パターン数が少ないってことですね。でも，「組み合わせ」はどのように計算できるんでしょうか？

はい。ここで，順列の知識が生きてくるんです。
具体的にいうと，（1，2）と（2，1）のように，同じ組み合わせの2枚のカードの並べ方は，「2!＝2通り」ですよね。
なので，**9枚から2枚を選ぶときの組み合わせの数は，9枚から2枚を選ぶときの順列の数を，2枚のカードの並び方のパターン＝2!で割ることで求められるんです。**
式でかくと，9枚から2枚のカードを引くときの，組み合わせの数は，$\frac{{}_9P_2}{2!}$となります。

9枚のカードから2枚のカード選ぶときの「組み合わせ」は，「9枚のカードのうち2枚を選んだときの並べ方の総数（順列）」を，「2枚のカードの並べ方」で割ったもの，ということでしょうか。

ちょっと込み入ってますけど。そうです。
じゃあ，実際に計算してみましょうか。

9枚のカードから2枚を選ぶときの組み合わせ

$$\frac{{}_9P_2}{2!} = \frac{9 \times 8}{2 \times 1}$$

$$= 36 \text{通り}$$

ということで，9枚のカードから2枚を選ぶ組み合わせは，**36通り。**これを表にして見てみましょう。

	1	2	3	4	5	6	7	8	9
1	×	12	13	14	15	16	17	18	19
2	21	×	23	24	25	26	27	28	29
3	31	32	×	34	35	36	37	38	39
4	41	42	43	×	45	46	47	48	49
5	51	52	53	54	×	56	57	58	59
6	61	62	63	64	65	×	67	68	69
7	71	72	73	74	75	76	×	78	79
8	81	82	83	84	85	86	87	×	89
9	91	92	93	94	95	96	97	98	×

順列では数の並びで区別するので，二つの三角形（赤色部分）は別で数えられます。一方，**組み合わせ**では，数の並びは関係ないので，選び方の数は，三角（赤色部分）一つ分です。つまり，順列の数の2分の1ということですね。

このように，9枚のカードから2枚を選ぶ組み合わせの数は，${}_9C_2$と書きます。

今度は**C～？**

はい。
組み合わせという意味の英語「combination」の頭文字です。
Cの左側の数字から，数を一つずつ減らしながら，Cの右側の数字の数だけかけ算します。
そして，さらに，Cの右側の数の階乗で割るんです。
これが**組み合わせ**の計算方法です。

それじゃ，9枚から3枚を選ぶときの組み合わせは${}_9C_3$通り？

その通りです！
順列${}_9P_3$を，3枚のカードの並べ方のパターン数（3!）で割れば，${}_9C_3$を求めることができます。

9枚のカードから3枚を選ぶときの組み合わせ

$${}_9C_3 = \frac{{}_9P_3}{3!} = \frac{9 \times 8 \times 7}{3 \times 2 \times 1} = 84$$

ということで，9枚のカードから3枚を選ぶ組み合わせは，**84通り**です。

ぎゃーっ!!　やっぱりむずかしい!!

一応，文字式でも確認しておきましょう。

ポイント！

n 枚のカードから r 枚選ぶとき，その組み合わせ

$$_nC_r = \frac{_nP_r}{r!}$$

$$= \frac{n \times (n-1) \times (n-2) \times \cdots\cdots \times (n-r+1)}{r \times (r-1) \times (r-2) \times \cdots\cdots \times 1}$$

例

・9 枚のカードから 3 枚を選ぶときの組み合わせの数

$$_9C_3 = \frac{_9P_3}{3!} = \frac{9 \times 8 \times 7}{3 \times 2 \times 1} = 84 \text{ 通り}$$

C

ヒーッ！　目がクラクラする〜。

まぁまぁ，順列も組み合わせも使っていくうちに慣れると思います。
では一つ，組み合わせを計算する練習をしてみましょう。
5枚のカードから3枚のカードを選ぶとき，その組み合わせはいくつでしょうか？

えーっと，とりあえず，5枚から3枚を選ぶ組み合わせなので，${}_5C_3$ですね。

$$ {}_5C_3 = \frac{{}_5P_3}{3!} = \frac{5 \times 4 \times 3}{3 \times 2 \times 1} = 10 $$

5枚から3枚を選ぶ組み合わせは**10通り**かな？

大正解！　完璧！
もうこれでいろんな場合の数を求めるために必要な，階乗，順列，組み合わせをマスターできましたよ！

うーん，マスターといえるほど使いこなせる自信はありませんが……。

これからいくつか階乗，順列，組み合わせを使う計算をやってみますから，きっと慣れていきますよ！

トランプの並べ方は想像を絶する数

じゃあ，練習のために，次の問題を考えてみましょう。

問題

ジョーカーをのぞく52枚のトランプがあります。トランプの束を十分に切ったとき，スペードの1～13→ハートの1～13→ダイヤの1～13→クラブの1～13という順番で，きれいに並んでいる確率はいくらでしょうか？ なお，答は計算式だけでよいとします。

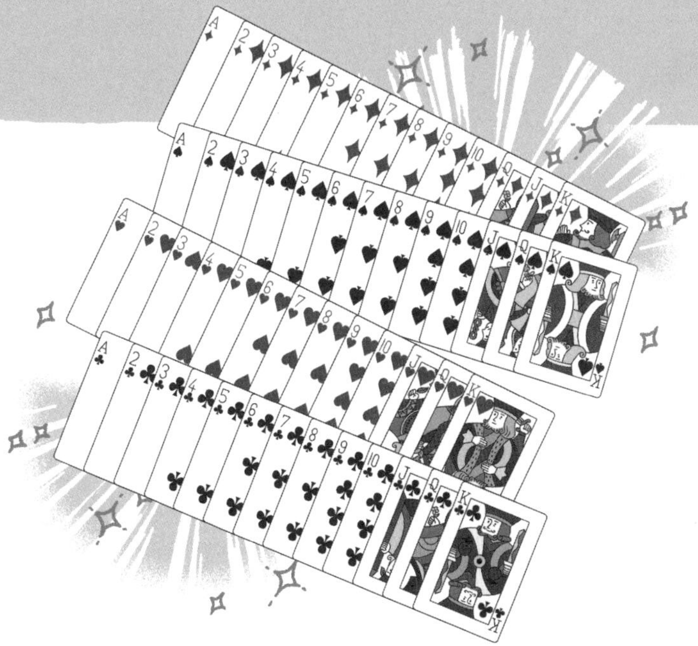

げげっ，**確率の問題**ですか？
今，場合の数で頭がパンク状態で，確率の考え方が飛んでしまいました……。

確率は次の式で求められるんでしたね。

$$確率 = \frac{\text{求める場合の数}}{\text{おこりうるすべての場合の数}}$$

そっか，そうでした！
ではこの問題の**求める場合の数**というのは？

「スペードの1からクラブの13まで，順番通りにきれいに並ぶパターンの数」です。

それは，**1通り**しかないですよね？

そうですね。

それじゃあ**おこりうるすべての場合の数**とは？

「トランプを切ったとき，トランプ52枚の並び方の総数は何通りあるのか」ということになります。

トランプ52枚の並び方のパターン～!?
えーっと，まず，スペードの1が最初にきて，スペードの2が最初にきた場合……。

数が膨大すぎて，樹形図じゃとても無理ですよ。

じゃあ，**いったいどうすれば!?**

STEP3のはじめにやった**階乗**を使うんです。

あぁ，びっくりマークの。
そうか，並べ方の総数を知りたいときは，全体の数に！をつければいいんだった。
52枚のカードの並べ方は，**52!**です。

その通りです。
ということは，十分に切られたトランプが，スペードの1～13→ハートの1～13→ダイヤの1～13→クラブの1～13という順番で，きれいに並ぶ確率は？

$\frac{1}{52!}$ です！

完璧！
それが，問題の答えです。

ただ，ちょっとここで，**52!** がどれくらいの数なのかを考えてみましょう。52! ってどういうことかわかりますか？

52!　だから，52 × 51 × 50 ×……× 1 です。
な……なんだか **トンデモナイ数** になる予感。

実は，これを計算すると，68 桁の数字になります。

68 桁～ !!

つまり，よく切られたトランプが順番通りにきれいに並ぶ確率は，「68 桁の数」分の 1 で，**限りなくゼロに近い**ことがわかります。

ひえ～。可能性はほぼないんですね。

ええ，そうですね。
突然ですが，宇宙の年齢は **約 138 億年** と考えられています。138 億は **11 桁** なので，52! にはまったくおよびません。うるう年などは無視して，おおまかに「秒」に書きかえると，宇宙の年齢は 138 億年 × 365 日 × 24 時間 × 60 分 × 60 秒 ＝435196800000000000 秒 で，やっと **18 桁** になります。

それでも 52! には遠くおよばない！

そうなんです。
ありえない話ですけど，宇宙誕生以来，100億人の人間が1秒間に1回のペースでトランプを並べ替えつづけたとします。すると，先ほどの18桁の数字に100億をかけて，28桁の数になります。

ぎょえ～！ それでも68桁に全然届かない。

そうなんです。だから，100億人でがんばったとしても，トランプの全部の並び方を試すことはできないんです。
つまり，よく切られたトランプが，思った通りの順番になることはまずない，というわけです。

へえーっ！ **確率って面白い！**

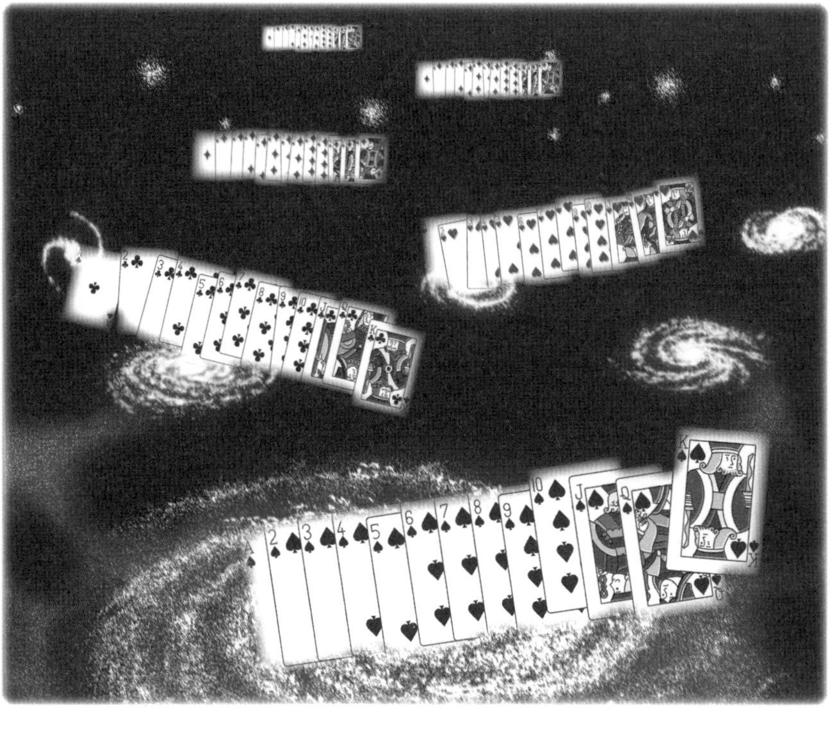

長方形の数を数えてみよう

では，次は，純粋に組み合わせの問題です。
いってみよう～！

問題

長方形のタイル35枚を使い，横に7列，縦に5段をしきつめました。イラストのように，タイルを組み合わせて長方形をつくります。さて長方形は何種類できるでしょうか？

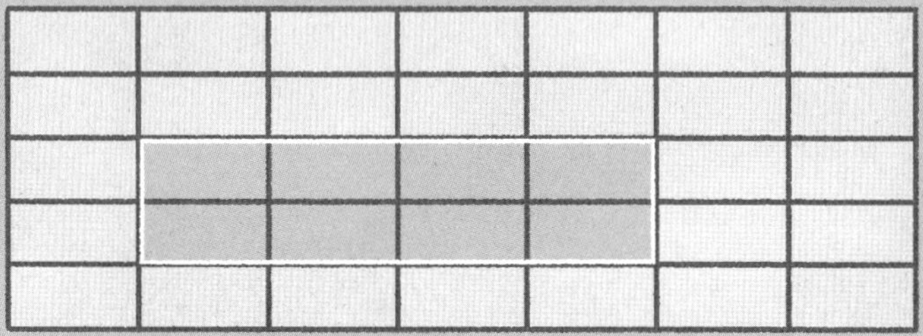

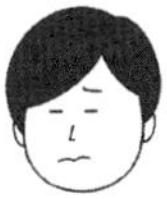

これ，組み合わせの問題じゃなくないですか？

問題をそのまま読んだだけでは戸惑うかもしれませんね。次のように問題文を読み替えると，もう少しわかりやすくなると思います。

垂直に引かれた8本の直線のうちの2本と，水平に引かれた6本の直線のうちの2本を使い，長方形をつくるときの組み合わせは何通りでしょうか？

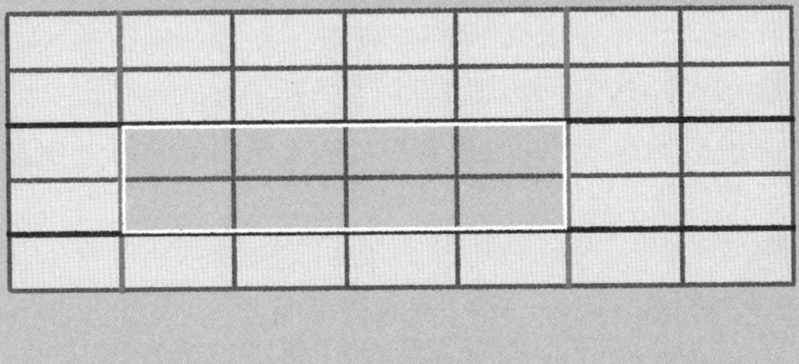

なるほど。垂直に引かれた直線2本と，水平に引かれた直線2本の選び方の数だけ，長方形がつくれるってことですね。

お，飲みこみが早い。
では，長方形の数を計算してみてください。

いや，ここまでっす。

さっきやった組み合わせの考え方を使うんですよ。
まず，8本の縦線から2本を選ぶ**組み合わせ**を考えてみます。
直線の順序は関係ないですから，ここでは順列Pではなく，組み合わせCを使うんですよ。
そうすると，${}_8C_2$になりますね。

そっか，じゃあ，6本の横線から2本を選ぶ組み合わせは，${}_6C_2$ですね。
ということは，長方形の数は，${}_8C_2 \times {}_6C_2$です！

やるじゃないですか。
じゃあ，それを計算して答えを出してみましょう。

っしゃ！
まず，${}_8C_2 = \dfrac{8 \times 7}{2!}$ですね。
それから，${}_6C_2 = \dfrac{6 \times 5}{2!}$ です。
長方形の数を計算すると……。

$$
\begin{aligned}
\text{長方形の数} &= {}_8C_2 \times {}_6C_2 \\
&= \frac{8 \times 7}{2 \times 1} \times \frac{6 \times 5}{2 \times 1} \\
&= 28 \times 15 \\
&= 420
\end{aligned}
$$

出ました！
縦と横の線2本ずつを選んでつくれる長方形は，420種類です！

正解〜！
いい感じですね。確率の計算や考え方に，だいぶなれてきたようですね！

9人の野球選手。すべての打順を試すには？

では，最後は野球がテーマです。

バッチコイ！

問題

ある野球チームの監督が，レギュラーメンバー９人の打順をどうするか思案していました。悩んだ末，監督は可能なすべての打順を試してみて，その結果から，最適な打順を決定することを思いつきました。１日１試合行うとすると，すべての打順を試すには，何日かかるでしょうか？

ふむ。
戦略とか何も考えない監督なんですかね？　私が監督なら，1番は選球眼がよくて足が速い選手。2番はやっぱりバントがうまくなくっちゃ。あ，でも最近は2番に強打者を置くのも流行ってるらしいですね。
えーっと，それから3番は……。

もしもし～！
野球が好きなことはよーくわかったので，問題，いってみよう！

はぃ……。
ええと，これはトランプの問題にすごく似てますね。
9人全員の並び方だから，!を使えばいいんだと思います。打順の組み合わせは**9!**です。

おぉっ！　完璧です。
では，計算してみてください。

えっと，9から1まで順にかけ算していけばいいんだから……。

電卓使ってもOK。

そうすると……，ええ～っ！
36万2880通りぃ？
1日1打順試すとすると，36万2880日かかることになってしまう！　36万日って，いったい何年かかるんだ？って感じですね。

ちなみに36万2880日は，**約994年**ですよ。

ハハハ！　ものすごい数。とても試せないですね！

ふふふ，そうですね。
じゃあ，ここで2人増やしましょう。
11人の中から9人を選んで打順を決めるときはどうでしょうか？　同じように全打順を試すには，何試合試さないといけないでしょうか？

あら，2人が補欠に回るわけですね。
えーっとこれは……。
たしかカードを複数枚選んで並べる順列のときと同じですね。**11人から9人を選んで並べる**わけだから，**P**を使うのかな？

その通りです。
計算に挑戦してみてください。

${}_{11}P_{9}$ですね。
これを計算すると……。

$${}_{11}P_{9} = 11 \times 10 \times \cdots\cdots \times 3 = 19958400$$

1995万8400試合必要～!!

9人を並べるだけでもすごい数だったのに，11人から9人を選んで打順を決めるとなると，一気にものすごい数になりますね。

そうなんです。全打順を網羅的に考えるのは，とても現実的ではありませんね。
では最後に，打順は考えずに，11人の中からレギュラーメンバーの9人を選びだす場合の組み合わせの総数を計算してみてください。

レギュラーメンバーを選ぶだけですね。順番を考えなくていいから，組み合わせの**C**を使うんですね！
11人の中から9人を選ぶわけなので……。

$$
{}_{11}C_9 = \frac{{}_{11}P_9}{9!}
$$

$$
= \frac{11\times10\times9\times8\times7\times6\times5\times4\times3}{9\times8\times7\times6\times5\times4\times3\times2\times1} = 55
$$

11人から9人を選びだす組み合わせは，**55通り**になりました。
けっこう多いですけど，打順を考慮したときにくらべると，ずいぶん少なくなりましたね。

そうですね。順列や階乗にくらべると，組み合わせはずいぶん少なくなるんです。

さて，問題はここまで。
ここで一つ**計算の裏ワザ**を紹介しましょう。
先ほど11人から9人のレギュラーを選ぶ組み合わせを${}_{11}C_9$で考えました。でもこれって，11人から2人の補欠を選ぶことと同じで，${}_{11}C_9={}_{11}C_2$となるんです。
${}_{11}C_9$よりも${}_{11}C_2$のほうがずいぶん計算しやすいから，こっちを使ったほうが楽なんですよ。

なるほど，**かなり楽ですね！**

文字であらわすと，組み合わせでは次のような式が成り立つことになります。

$${}_nC_r={}_nC_{(n-r)}$$

${}_{11}C_9={}_{11}C_2$，${}_6C_4={}_6C_2$，${}_8C_7={}_8C_1$といった具合に変換できるんです。右側の数字が小さいほど，計算はうんと簡単になります。
ただし，順列Pの場合は使えません。${}_{11}P_9$は${}_{11}P_2$にはなりませんからね。

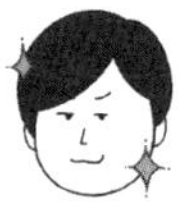

はい，気をつけます！

偉人伝③

難問を残した，ピエール・ド・フェルマー

ピエール・ド・フェルマーは，1601年(諸説あり)に南フランスのトゥールーズ近くで生まれました。確率論の基礎をつくりあげただけでなく，解析幾何学という数学の分野の創始者といわれています。

フェルマーは大学卒業後，トゥールーズで法律家や弁護士としてはたらきました。法務関係の仕事をするかたわら，数学の研究に熱心に取り組みました。しかし，研究成果を公表することはなく，各国の数学者との文通を通して，そのアイデアを伝えていたようです。

微分積分の要点を明らかに

フェルマーは20代のころ，図形と数式を結びつける解析幾何学をつくりだしています。同じく解析幾何学の創始者とされる数学者のデカルトと手紙をやりとりし，たがいの数学的手法についてはげしく批判しあったことが知られています。

またフェルマーは，微分積分法の要点をいくつか明らかにしています。ただし，「微分積分の基本定理」には到達していなかったため，一般に微分積分の「創始者」とよばれることはありません。

フェルマーの最終定理

フェルマーは「確率論」の創始者として知られています。フランスの数学者ブレーズ・パスカル(1623～1662)との

ギャンブルの賭け金の分配法に関する手紙のやりとりを通して，確率論の基礎をつくりました。

また，「フェルマーの最終定理」とよばれる定理を残しました。それは以下のようなものです。「$\boldsymbol{n}$＝3以上の整数のとき，$\boldsymbol{x^n}+\boldsymbol{y^n}=\boldsymbol{z^n}$を満たす自然数（$\boldsymbol{x}, \boldsymbol{y}, \boldsymbol{z}$）は存在しない」。この定理について「余白がせまくて証明が書けない」というメモだけを残し，具体的な証明は残していません。ただし，フェルマーが証明法を本当に知っていたかどうかは謎です。

フェルマーは1665年，64歳で亡くなりました。フェルマーの死から5年後に息子によってフェルマーの最終定理が公表され，多くの人々が証明に挑みました。しかし長らくその証明も反例もみつかりませんでした。

1994年，イギリスの数学者アンドリュー・ワイルズがついにこの問題の証明を完成させました。フェルマーが亡くなってから300年以上がたっていました。

偉人伝❹

流体の研究で活躍，ブレーズ・パスカル

数学者・物理学者・哲学者のブレーズ・パスカル（1623〜1662）は，1623年にフランスのオーベルニュ州のクレルモンで生まれました。パスカルは自己流で幾何学を勉強し，12歳のときにユークリッドの『原論』にある「三角形の内角の和は二直角に等しい」という定理を自分で導きだしたといわれます。

1640年，17歳のパスカルは円錐曲線に関する「パスカルの定理」を証明しました。それは幾何学の中で最も美しい定理の一つとされています。

流体の圧力についての「パスカルの原理」

また，パスカルは物理学の分野でも名前を残しています。山の山頂まで気圧計を運び上げ，高く登るとともに気圧が小さくなることを確かめました。それは観測点よりも上にある空気の重さによって気圧が生じることを示しています。パスカルはこの結果をまとめて，1648年に「流体の平衡に関する大実験」と題する論文を書いています。

さらに1654年には「流体平衡論」と題する論文を書きました。この論文の中で彼は流体の圧力についての「パスカルの原理」を発表しています。それは「密閉した容器内で静止している流体のある点に圧力を加えると，流体内のすべての点の圧力が同じだけ増える」という原理であり，水圧計の原理となるものです。

パスカルの三角形を発明

ある日，パスカルは友人のド・メレに「サイコロゲームを途中でやめるとき賭け金をどのように分配したらよいか」とたずねられました。パスカルは友人の数学者ピエール・ド・フェルマー（1601～1665）と協力してこの問題を解く一般的な方法を編みだしました。

またパスカルは，確率論の問題と関係して「パスカルの三角形」とよばれるようになった三角形を考えだしています。それは，下のイラストのように数字を三角形に並べたものです。パスカルの三角形において，上からn段目，左からk段目の数は，${}_{n-1}C_{k-1}$の値と一致します。

パスカルは晩年，『キリスト教弁証論』という哲学・宗教思想の本を書いています。彼の死後，その『キリスト教弁証論』の断片が『パンセ（瞑想録）』として出版されました。その『パンセ』の中に収録されたのが，次の有名な一節です。「人間は1本の葦であり，自然界で最も弱い存在である。しかしそれは考える葦である」。

3

時間目

もっと
むずかしい確率を
考えよう！

STEP 1

ギャンブルの確率を計算してみよう

確率を使ってギャンブルについて考えてみます。ルーレットや宝くじ，ポーカーなど，さまざまなギャンブルで，どれくらいもうけることができそうかを計算しましょう。

ゲームの損得を確率で計算してみよう

さぁ，いよいよ3時間目STEP1は**ギャンブル**の確率のお話です。

よっ！　待ってました！
これで**億万長者〜。**

ギャンブルの損得を確率で考えるには，まず**期待値**の考え方を習得する必要があります。

期待値……。
なんだか中学校のころに習ったような気が……。

期待値とは，確率的に期待できる数値のことです。
期待値を理解するために，次のようなトランプゲームを考えてみましょう。

問題

1～13までのダイヤのトランプがあり，何の数字かわからないように裏返しに置いてあります。この中から1枚を無作為に選ぶと，そのカードの数字があなたの得点になります。

このゲームであなたが得る得点は，何点だと予想できるでしょうか？

7のカードが出たら**7点**，12のカードなら**12点**ということですね。
でも，1～13のどのカードを選ぶかわかりませんよね。
……**得点の予想なんて，不可能なのでは？**

たしかにその通りです。何のカードが出るかは，やってみないとわかりません。でも，こんなときに確率を利用すれば，**どれくらいの得点が期待できそうか，見積もることができるんです。**

なるほど。

具体的には，**（カードの得点）×（そのカードを引く確率）**の計算をすべてのカードに対して行って，それらを足し合わせるんです。
このようにして出された値が**期待値**です。

ううむ。

まぁ，実際に計算してみましょう。
1は，1点×$\frac{1}{13}$，
2は，2点×$\frac{1}{13}$，
3は，3点×$\frac{1}{13}$，
……
次のページに計算をまとめました。これらをすべて足し合わせると，**期待値は7点**になりますね！

$$1 \times \frac{1}{13} = \frac{1}{13}$$

$$2 \times \frac{1}{13} = \frac{2}{13}$$

$$3 \times \frac{1}{13} = \frac{3}{13}$$

$$4 \times \frac{1}{13} = \frac{4}{13}$$

$$5 \times \frac{1}{13} = \frac{5}{13}$$

$$6 \times \frac{1}{13} = \frac{6}{13}$$

$$7 \times \frac{1}{13} = \frac{7}{13}$$

$$8 \times \frac{1}{13} = \frac{8}{13}$$

$$9 \times \frac{1}{13} = \frac{9}{13}$$

$$10 \times \frac{1}{13} = \frac{10}{13}$$

$$11 \times \frac{1}{13} = \frac{11}{13}$$

$$12 \times \frac{1}{13} = \frac{12}{13}$$

$$13 \times \frac{1}{13} = \frac{13}{13}$$

$$\frac{1}{13}+\frac{2}{13}+\frac{3}{13}+\frac{4}{13}+\frac{5}{13}+\frac{6}{13}+\frac{7}{13}+\frac{8}{13}+\frac{9}{13}+\frac{10}{13}+\frac{11}{13}+\frac{12}{13}+\frac{13}{13}$$

$=$

期待値 7

うーん，実際には2が出ることも13が出ることもありますからねぇ。
「7」が出る確率が特別高いわけじゃないと思うんですけど……。

その通りです。
期待値はあくまでも計算上の値であり，実際にゲームを行えば，**もちろん結果はバラバラ**になります。

そうですよねっ？　期待値なんて無意味じゃないですか？

いいえ，そんなことはありません！
このゲームを何回も繰り返すと，得点の平均点は，期待値である**7点に近づいていくんです！**

ええっ，そうなんですか！？
期待値，すごいですね！

ふふふ。期待値は，さまざまな場面で合理的な判断を下すための**指標**となるんですよ。
あなどるなかれ。

期待値の出し方，ぜひ習得したいです！

じゃあ，期待値の計算に慣れていきましょう。
次はさっきのゲームを少し複雑にしたものです。

問題

13枚のダイヤのカードのほかに，ハート，スペード，クラブの1を加えた合計16枚のトランプがあります。

無作為に選んで，1が出れば15点，2～9は数字通りの得点，10～13は10点がもらえるとします。このときの期待値は?

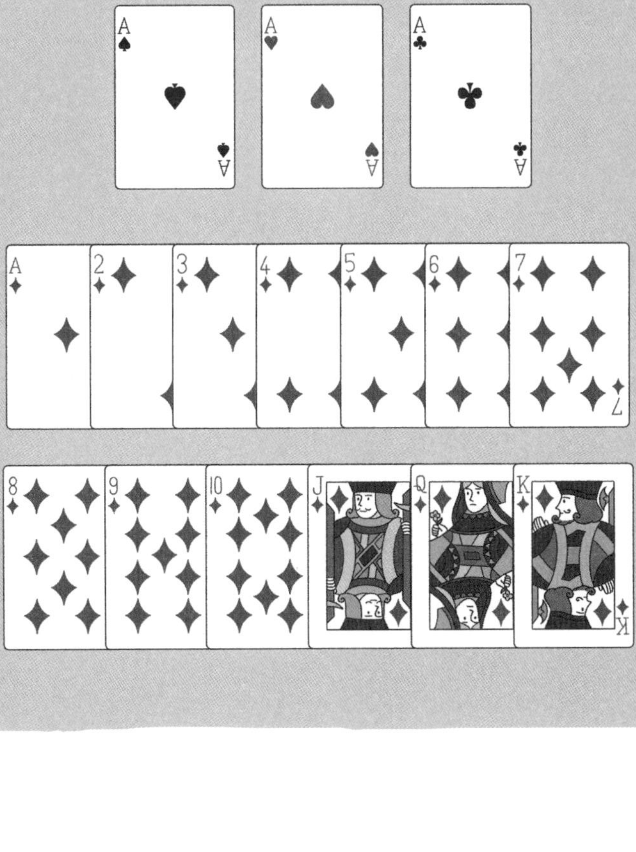

ぐぬぬぬ。
手も足も出ません。

それぞれのカードに対して，**（カードの得点）×（カードを引く確率）を求めて，それらの値を足し合わせたものが期待値です。**
1を選んだときの得点が15点です。
1を選ぶ確率は$\frac{4}{16}$ですから，15点×$\frac{4}{16}$＝$\frac{60}{16}$。
2の場合は2点×$\frac{1}{16}$＝$\frac{2}{16}$。
10～13の場合は10点×$\frac{4}{16}$＝$\frac{40}{16}$。
こんなふうに，すべてのカードについて計算して，それらを合計するんですよ。
右ページに，計算の結果を示しました。

すべてを計算すると，期待値は**9点！**
さっきのゲームよりも，若干高いですね。

そうですね。
この結果から，「さっきのゲームよりも今回のゲームのほうが高い得点が得られる」と期待できるわけです。
このように，**期待値は予測不能の出来事に対する“損得”を考える際に，必要不可欠なものなんですよ。**

なるほど～。
ギャンブルには**期待値は必要不可欠**というわけですね！

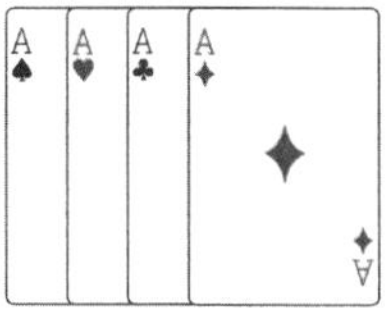

$15 \times \frac{4}{16} = \frac{60}{16}$

$2 \times \frac{1}{16} = \frac{2}{16}$

$3 \times \frac{1}{16} = \frac{3}{16}$

$4 \times \frac{1}{16} = \frac{4}{16}$

$5 \times \frac{1}{16} = \frac{5}{16}$

$6 \times \frac{1}{16} = \frac{6}{16}$

$7 \times \frac{1}{16} = \frac{7}{16}$

$8 \times \frac{1}{16} = \frac{8}{16}$

$9 \times \frac{1}{16} = \frac{9}{16}$

$10 \times \frac{4}{16} = \frac{40}{16}$

$$\frac{60}{16} + \frac{2}{16} + \frac{3}{16} + \frac{4}{16} + \frac{5}{16} + \frac{6}{16} + \frac{7}{16} + \frac{8}{16} + \frac{9}{16} + \frac{40}{16}$$

=

期待値 9

「20回に1回全額返金」は，「5%還元」と同じ？

もう一つ，期待値に関するお話をしましょう。
スマホ決済は利用していますか？

もちろん利用していますよ〜。最近はQRコード決済も増えましたよね。ポイントためてます♪

じゃあちょうどいいですね。
では，次のような状況を考えてみます。

問題

A社とB社のスマホ決済サービスがあり，どちらも1か月間のキャンペーン期間中です。

A社のスマホ決済を使うと，20回に1回の確率で購入額の全額が返金されます。

一方，B社のスマホ決済を使うと，一律5%還元されます。

さて，どちらがお得でしょうか？

えっ，A社のスマホ決済なら，100万円のものを買っても1000万円のものを買っても，20回に1回全額返金されるんですか!?
断然**A社のほうがお得**じゃないですか！

さあ，どっちですかね～？
そんなときに，**期待値の出番です！**

？

では，**5万円**の買い物をしたとして，それぞれの**返金額の期待値**を求めてみましょう。

お願いします！

まず，A社のスマホ決済では，$\frac{1}{20}$ **の確率で5万円**が全額返金されます。
一方，$\frac{19}{20}$ **の確率で返金0円**です。この数字をもとに計算すると，期待値は次のようになります。

20回に1回の確率で購入額の全額が返金されるA社のスマホ決済で，5万円購入したときの返金額の期待値

$$5万円 \times \frac{1}{20} + 0円 \times \frac{19}{20} = 2500円$$

ということで，A社のスマホ決済で5万円分購入したときの返金額の期待値は**2500円**です。

なるほど。
では，B社の期待値は？

B社は**必ず5%（$=\frac{5}{100}$）返金**なので，期待値は次のように計算できます。

一律5%が還元されるB社のスマホ決済で，5万円購入したときの返金額の期待値

$$5万円 \times \frac{5}{100} \times \frac{100}{100} = 2500円$$

ということで，B社の返金額の期待値も**2500円**です。

同じなんですか!?
絶対A社のほうがお得だと思ったのにな……。

そうなんです。結局期待値は同じですから，参加者が得するのは**同程度**だと見積もれます。
しかし，キャンペーン期間中に買い物をする機会はたかがしれているので，A社のキャンペーンでは参加者によって，**返金額の凹凸**が大きくなります。
まったく得をしない参加者がいる一方で，大きく得する参加者も出るでしょう。
そこが，参加者の目には**魅力的なキャンペーン**に映るのかもしれません。

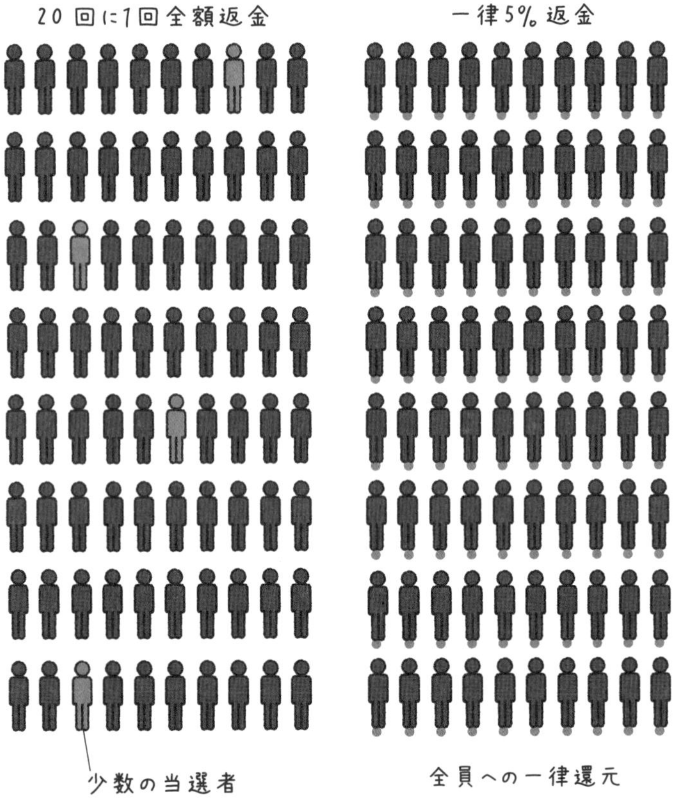

なるほど〜。
たしかに！Ａ社，すっごくお得に見えましたもん！

一方で，主催している企業にとっては，期待値が同じだからコストも同じことになります。
多数の参加者が多数の買い物を行っていますから，個々の凹凸は，ならされてしまいます。
Ａ社のキャンペーンでは，非常に少ない回数であれば，期待値よりも多く返金することになる可能性もあります。
しかし，たくさんの人が買い物をすれば，実際に企業が支払う返金額は，期待値に近くなっていくはずです。

あっ，**大数の法則ですね！**

その通りです。 よく覚えていましたね！
偶然性に支配されているサービスでも，回数を重ねれば，かかるコストはしっかりと**計算通りになる**というわけです。

A社のキャンペーンは，B社のキャンペーンよりも魅力的に映るので，A社のキャンペーンの**打ち方がうまかった**ということになりますね。

ルーレットで客が負けるわけ

それでは，ここから，いろいろなギャンブルの**確率**と**期待値**を考えていきましょう。
まずは**ルーレット**です。
アメリカ式のルーレットの盤面には，1 ～ 36の数字と，「0」，「00」の，**合計38個の数字**があります。

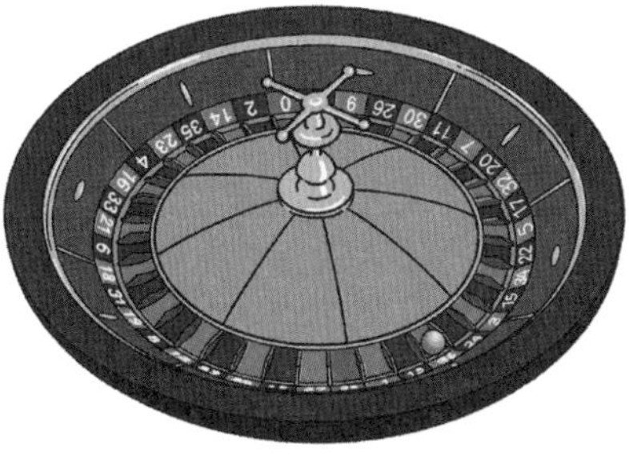

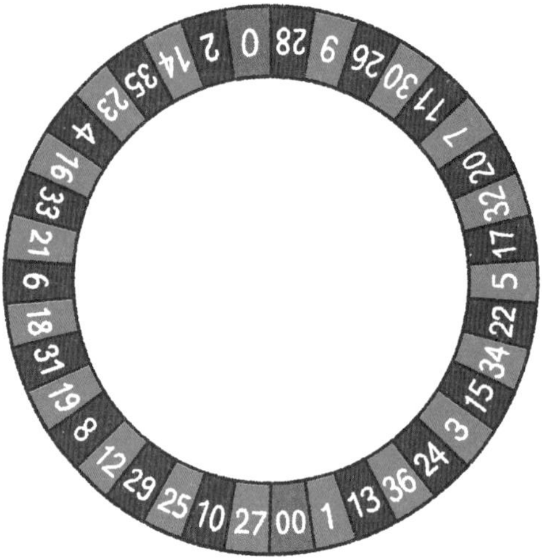

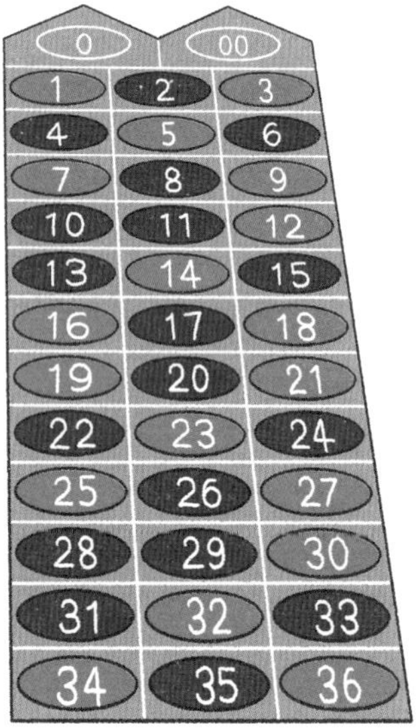

最初に出てきたルーレットは，盤面の数字は**37個**だったような？

最初のルーレットは**ヨーロッパ式**でした。ヨーロッパ式では「0」しかないので，数字は37個です。
アメリカ式のルーレットでは，「0」，「00」があるため，38個なのです。
ここでは，アメリカ式のルーレットで考えますね。

はい。ルーレットには，アメリカ式とヨーロパ式があるんですね。

そうなんです。
さて，1～36のうち，**18個は赤**，**18個は黒**。0と00は赤でも黒でもありません。
「ルーレットの球が，赤と黒のどちらに止まるか」をあてるのが，賭け方の一つです。

あてらたら**賭け金**はどれくらいになるんですか？

あたれば**2倍**になってもどってきます。
つまり，100円を賭けたら，あたれば200円がもどってきて，もうけは100円ということになります。

ふむふむ。

では，このときの**期待値**を考えてみましょう。
まず，赤・黒のいずれにかけても，あたる確率は，$\frac{18}{38}$ですよね。

赤でも黒でもない0と00があるから，$\frac{19}{38}$（$=\frac{1}{2}$）ではなく，あたる確率は**5割を切る**わけですね。

その通りです。
あたったら賭け金が2倍になり，はずれれば0倍になりますから……，
$2\times\frac{18}{38}+0\times\frac{20}{38}=\frac{36}{38}\fallingdotseq 94.7$。
期待値は約94.7％です！

期待値が約94.7％って……，
どう判断すればいいのですか？

「何度も賭けを繰り返すと，平均して賭け金の94.7％が返ってくる」ということです。

えっ，それはつまり**損するだけ**じゃないですか。

その通りです。
期待値が94.7％ということは，平均すると1回につき「賭け金の5.3％の損をする」という計算になります。

ぎゃー！
「赤か黒か？」の賭けはナシですね！　ほかの賭け方はないんですか？

ほかには**1数字賭け**，**2数字賭け**，**偶数・奇数賭け**など，いろいろな賭け方がありますよ。

それぞれの期待値はどれくらいなんでしょうかっ？　いつかラスベガスに行ったときに，一番期待値の高い賭け方でルーレットに挑戦してみたいと思います！

賭け方とあたる確率，あたったときの払いもどし倍率を表にまとめると次のようになります。

賭け方	賭け方の説明	倍率	確率	期待値の計算	期待値（百分率換算）
赤・黒賭け	18個の赤か，18個の黒か	2倍	$\frac{18}{38}$	$\frac{18}{38}\times2+\frac{20}{38}\times0=\frac{36}{38}$	94.7%
前半・後半賭け	1〜36のうち，前半の18個か後半の18個	2倍	$\frac{18}{38}$	$\frac{18}{38}\times2+\frac{20}{38}\times0=\frac{36}{38}$	94.7%
偶数・奇数賭け	18個の偶数か18個の奇数（0と00は偶数でも奇数でもないと決められている）	2倍	$\frac{18}{38}$	$\frac{18}{38}\times2+\frac{20}{38}\times0=\frac{36}{38}$	94.7%
12数字賭け（縦の列）	賭け金を置く盤面（レイアウト）上の縦の列にある数字12個	3倍	$\frac{12}{38}$	$\frac{12}{38}\times3+\frac{26}{38}\times0=\frac{36}{38}$	94.7%
12数字賭け（小・中・大）	1〜12，または13〜24，または25〜36	3倍	$\frac{12}{38}$	$\frac{12}{38}\times3+\frac{26}{38}\times0=\frac{36}{38}$	94.7%
6数字賭け	レイアウト上の横一列にある3個の数字を上下2段分（合計6個）	6倍	$\frac{6}{38}$	$\frac{6}{38}\times6+\frac{32}{38}\times0=\frac{36}{38}$	94.7%
5数字賭け	0と00と1と2と3（5数字賭けはこの組み合わせのみ）	7倍	$\frac{5}{38}$	$\frac{5}{38}\times7+\frac{33}{38}\times0=\frac{35}{38}$	92.1%
4数字賭け	レイアウト上で接する4個の数字	9倍	$\frac{4}{38}$	$\frac{4}{38}\times9+\frac{34}{38}\times0=\frac{36}{38}$	94.7%
3数字賭け	レイアウト上の横一列にある3個の数字	12倍	$\frac{3}{38}$	$\frac{3}{38}\times12+\frac{35}{38}\times0=\frac{36}{38}$	94.7%
2数字賭け	レイアウト上のとなりあった2個の数字	18倍	$\frac{2}{38}$	$\frac{2}{38}\times18+\frac{36}{38}\times0=\frac{36}{38}$	94.7%
1数字賭け	0と00を含む38個の数字のうちの1個	36倍	$\frac{1}{38}$	$\frac{1}{38}\times36+\frac{37}{38}\times0=\frac{36}{38}$	94.7%

どれどれ……。
94.7，94,7……むむむ！　ど，どの賭け方をしても，
期待値は100％未満〜？

そうなんです。ギャンブルは基本的に，いずれの場合も期待値が100％を下まわるように**設定**されているのですよ……。

な，なにィ〜！
でも，ギャンブルで大もうけしたとか，ドラマでよく見かけるじゃないですか！

ドラマは**フィクション**ですから……。
ギャンブルでは，幸運にも連戦連勝を重ねて**大勝ち**する客もいるでしょう。主催者側からすれば，大勝ちする客がたくさん出た場合，**赤字**になりそうなものですよね。

はい！　カジノの経営がうまくいくか赤字になるかはまさに**運**でしょう！　客が勝てば経営は傾くし，客が負ければ経営が潤う！

でも実際には，経営側がほぼ勝つようになっています。
ここで効いてくるのが**大数の法則**です。
ギャンブルにはたくさんの客が，たくさんの回数参加します。
このため，なかには大勝ちする客もいるでしょうが，全体を平均してみれば，**設定された期待値**に近い金額の収入が，主催者側に転がりこむことになるんです。

期待値が100％を下まわる限り，**どうがんばってもカジノ側がもうかる**ようになっているんですね。

そういうことです。
たとえば，ルーレットで，所持金900ドルの客が1ドルずつ「赤・黒賭け」で賭けつづけたとき，運よく所持金が1000ドルまで到達するのは，わずか**10万人に2.7人**ほどとなる計算です。残りはみんな**所持金0**になります。

ひいい！

1回の勝負で失う金額が5.3％というと，たいしたことはないようにも思えますが，何度も賭けを繰り返すと，**後から大きく効いてくる**のです。

ジャンボ宝くじ，連番とバラのどちらを買うべき？

ルーレットに限らず，宝くじなど，基本的には主催者側（胴元）が有利な条件に設定されているのが，**ギャンブルの常**です。
次は，**宝くじ**についてお話ししましょう。

やっぱりそうなんですか。
宝くじは私，よく買うんですけど。

番号を見るときはドキドキして楽しいんですけど。いっつも**300円**しかあたらないんですよね〜。
宝くじの場合，どれくらいが主催者側の取り分になっているんですか？

たとえば2018年の**「年末ジャンボ宝くじ」**は，購入金額の**50.8％**が主催者の取り分となるように設定されています。

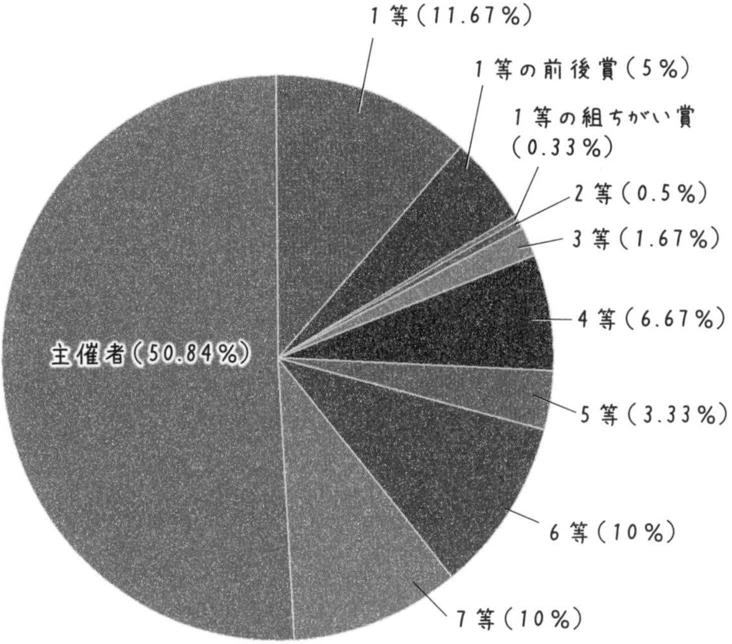

注：小数点以下第3位を四捨五入しているため，
すべての値を合計しても，100％にはなりません。

購入金額の半分以上が主催者側に？

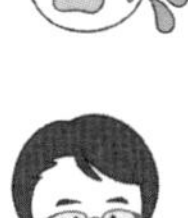

年末ジャンボ宝くじは**1枚300円**です。
1～200組にそれぞれ10万通りの番号が振られています。
これらの合計は2000万枚で，これを「**1ユニット**」とよびます。

1等はたしか**7億円**ですよね。
1等があたる確率は，いったいどれくらいなんですか？
（というか，あたるんですか？）

では，1等からはずれまで，1ユニットあたりに含まれている**本数**，**確率**，**期待値**を，一覧表にしてみましょう。

1等	賞金（円）	1ユニットあたりの本数	確率	期待値（賞金×確率）
1等	7億	1	0.00000005	35円
1等の前後賞（前の番号）	1億5000万	1	0.00000005	7.5円
1等の前後賞（後の番号）	1億5000万	1	0.00000005	7.5円
1等組ちがい賞	10万	199	0.00000995	0.995円
2等	1000万	3	0.00000015	1.5円
3等	100万	100	0.000005	5円
4等	10万	4000	0.0002	20円
5等	1万	20000	0.001	10円
6等	3000	200000	0.01	30円
7等	300	2000000	0.1	30円
はずれ	0	17775695	0.88878475	0円
合計	—	2000万本	1	147.495円

うっひゃー……。
1等があたる確率なんて，もはやほぼゼロ……。
全体で見ても，**期待値は約147.5円**かぁ。
宝くじは1枚300円だから，たくさん買うと，だいたい1枚あたり150円分くらい損するわけですね。

そういうことです。

そういえば，10枚1セットの宝くじを買うときは，いつも**バラ**で買うんですよ。
連番だと，一つを見るだけで全部はずれだってわかっちゃうから，好きじゃないんです。
でも，「連番で買ったほうが前後賞があたる可能性があるから，連番のほうがいい」っていう人も結構いて……。
実際のところ，確率的には，バラで買うのと連番で買うのは，どっちがあたりやすいんですか？

それじゃあ，**バラと連番の期待値**について，少し考えてみましょう。バラと連番では，それぞれ，次のような条件を考慮します。ちょっとややこしいので，それぞれの条件は読み飛ばしても大丈夫です。

バラ

① 「1等を含むセット」は，200万セット中1セット（確率200万分の1）です。バラは，10枚すべての組と番号がことなるため，1等を含むセットには「1等前後賞」や「1等組ちがい賞」は含まれません。

② 「1等前後賞（1等の前の番号）を1本含むセット」は，200万セット中1セット（確率200万分の1）です。これも上と同様の理由で，「1等」「もう一方の1等前後賞（1等の後の番号）」「1等組ちがい賞」は含まれません。

③ 「1等前後賞（1等の後の番号）を1本含むセット」は，200万セット中1セット（確率200万分の1）です。同様の理由で，「1等」「もう一方の1等前後賞（1等の前の番号）」「1等組ちがい賞」は含まれません。

④ 「それ以外のセット」は，200万セット中199万9997セット（確率200万分の199万9997）です。

連番

① 「1等を含むセット」は，200万セット中1セット（確率200万分の1）です。このセットには，2本ある「1等前後賞」が，それぞれ $\frac{9}{10}$ の確率で含まれます。連番はすべて同じ組ですから，「1等組ちがい賞」は含まれません。

② 「1等を含むセットの直前のセット」は，200万セット中1セット（確率200万分の1）です。このセットには，確率10分の1で「1等前後賞（1等の前の番号）」が1本含まれます。上と同様の理由で，「1等組ちがい賞」は含まれません。

③ 「1等を含むセットの直後のセット」は，200万セット中1セット（確率200万分の1）です。このセットには，確率10分の1で「1等前後賞（1等の後の番号）」が1本含まれます。上と同様の理由で「1等組ちがい賞」は含まれません。

④ 「それ以外のセット」は，200万セット中199万9997セット（確率200万分の199万9997）です。

計算は大変なので省略しますが，これらを「場合分け」して計算すると，1セットを3000円で買うときの期待値は，**どちらも1474.95円**となります。

なぁんだ，バラでも連番でも変わらないのか。

そうなんです。
ただし，両者は少しだけ**差**があるんです。

期待値は同じなのに？

合計の期待値は同じです。
しかし，「1等前後賞（1億5000万円）以上の高額賞金を手にできる確率」を計算してみると，**連番では「1000万分の6」**，**バラでは「1000万分の15」**となり，バラのほうが連番よりも**2.5倍**高くなります。

えっ，バラのほうが2.5倍も確率が高い!?
じゃあやっぱり，バラのほうがいいんじゃないですか。

ただし，バラは1等と前後賞の両ドリが100％できない，というデメリットもあります。
10億円をねらうなら連番，1億5000万円をねらうならバラがおすすめです。

宝くじは**トキメキが大事！**
やっぱり私はバラで買います！

競馬の醍醐味は予想とオッズ

宝くじのほかにも，公に認められたギャンブルはいくつかあります。**競馬**がその一つです。
競馬が宝くじと大きくことなるのは，勝つ馬を「**自分で予想する**」ところです。

競馬，気になってるんですけど，行ったことないんですよね～。賭け方がよくわからなくて。
昔，ゲームで競走馬を育成したことはあるんですけど。

競馬で賭けるときには，**馬券**を購入します。その**買い方の種類が豊富**なのも，競馬の大きな特徴といえるでしょう。

馬券にはどのような種類があるんですか？

ここでは，16頭（8枠）が出走した場合を例に，**8種類**の馬券の買い方と，それぞれの**あたる確率**を見てみましょう。ただし，確率は16頭の馬の実力がまったく同じと仮定した場合です。

枠番号と馬番号

枠番号	馬番号	馬の名前
1	1	アップルスター
	2	ゴールドテール
2	3	クラリティアイ
	4	ラッキーサークル
3	5	サクラウインド
	6	スピードクレイン
4	7	スマートゲート
	8	セブンロータス
5	9	ハイランドラン
	10	グランドロード
6	11	エバープラネット
	12	スペースアース
7	13	エバーダッシュ
	14	プラチナワールド
8	15	ノースブライト
	16	ディープローズ

馬券の種類と確率

種類	何をあてるか	確率
単勝	1着の馬	6.25%
複勝	3着までに入る馬	18.75%
枠連	1・2着の枠番の組み合わせ	約3.5%（同枠で買うと，約0.83%）
馬連	1・2着の馬の組み合わせ	約0.83%
ワイド	3着までに入る2頭の馬の組み合わせ	2.5%
馬単	1・2着の馬の着順	約0.42%
3連複	1〜3着の馬の組み合わせ	約0.18%
3連単	1〜3着の馬の着順	約0.03%

まず，あたる確率が高いのは，競争馬を1頭だけ選ぶ「**単勝**」と「**複勝**」です。
単勝は，1着になる馬をずばりあてる，最も単純な賭け方です。あたる確率は$\frac{1}{16}$＝**6.25％**です。

なるほど。シンプルに。

一方，**複勝**は，選んだ馬が3着までに入ればあたりの馬券です。あたる確率は$\frac{3}{16}$＝**18.75％**です。
複勝は最もあたりやすい賭け方です。

お，いいですねぇ！

逆に，あたる確率が最も低い賭け方は，「**3連複**」と「**3連単**」です。これらは，1～3着に入る馬を3頭あてる賭け方です。
3連複は，組み合わせを選ぶので着順は関係ありません。$_{16}C_3$＝560ですから，確率は$\frac{1}{560}$＝**0.18％**です。
3連単は，着順まであてなければなりません。$_{16}P_3$＝3360ですから，確率は$\frac{1}{3360}$＝**0.03％**となります。これは馬券の中で最も難度の高い賭け方です。

$\frac{1}{3360}$だなんて，普通に考えるとまったくあたる気はしません。

そうですね。ただし，競馬の確率は，宝くじとちがってそう単純ではありません。

なぜなら競馬に出走する馬には**実力差**もあるし，ほかにも**騎手の優劣**など，さまざまな条件によって勝負が左右されるからです。

たしかに！

そのため競馬では，投票率（購入率）に応じて払いもどし金の倍率が変わるシステムとなっています。
この払いもどし金の倍率を**オッズ（odds）**といい，投票率（購入率）が高いほどオッズは低くなり，投票率（購入率）が低いほどオッズは高くなります。

なるほど〜。人気のある馬だと，あてでもあまり配当がもらえないわけですね。

その通りです。
実績があって人気のある馬は結果的にオッズが低くなり，あたっても高配当は望めません。逆に人気のない馬に賭ければ高配当が望めるというわけです。
手堅く賭けるか，一攫千金をねらうか!?
それを自分で選べるところが，競馬のようなギャンブルの**醍醐味**ともいえるでしょう。

いや〜ロマンだなぁ。
一発，大穴ねらいでいってみたいですねぇ。

ポーカーのノーペアの確率はほぼ50%

カジノゲームの一つに，**ポーカー**があります。次に，このポーカーについてお話ししましょう。

ポーカーは遊びでやったことはあります。「ワンペア」とか「ロイヤルストレートフラッシュ」とか，**役**をそろえるゲームですよね。

そうです。
日本で一般的なポーカーは**ドローポーカー**といって，最初に5枚の手札が配られた後，そのうちの何枚かを交換して，相手より強い役を目指すものですね。ちなみにポーカーの細かいルールは国によってことなり，さまざまな種類があるんですよ。

ロイヤルストレートフラッシュとか，強い役はなかなかできないんですよね……。
もしかして，**役ができる確率**なんかも，出せるんですか？

そうくると思って，ジョーカーを含めない52枚のカードを使用して，最初の5枚でそれぞれの役ができる確率を表にしてみました！
一番上がもっとも弱く，下にいくほど強い役になります。

ポーカーの役とその確率

役	定義	例	確率
ノーペア	役なし		約50%
ワンペア	同じ数字のカードが 2枚そろう		約42%
ツーペア	同じ数字のカード 2枚のペアが2セットそろう		約4.8%
スリーカード	同じ数字のカードが 3枚そろう		約2.1%
ストレート	5枚のカードの数字が連続	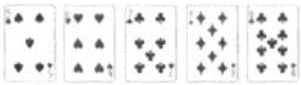	約0.4%
フラッシュ	5枚すべてが同じマーク		約0.2%
フルハウス	ワンペアとスリーカードの 組み合わせ	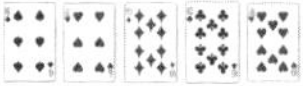	約0.14%
フォーカード	同じ数字のカードが 4枚そろう	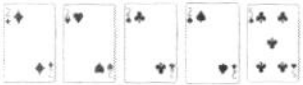	約0.02%
ストレートフラッシュ	マークが同じ5枚のカードの 数字が連続している		約0.0014%
ロイヤル ストレートフラッシュ	同じマークで 10, J, Q, K, Aがそろう	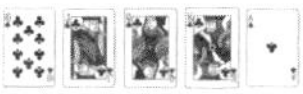	約0.000154%

「ノーペア」は，ほぼ50％なのか。ということは，“ほぼ50％の確率で，最初に配られたカードで役ができる”ということでもありますね。

ノーペア

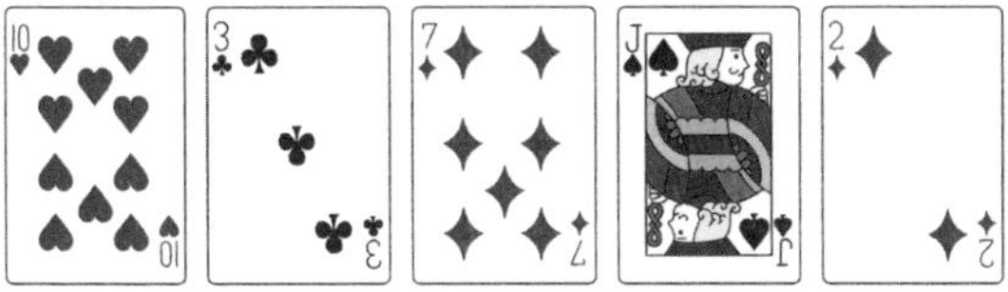

はい，そういうことです。
とくに2枚のカードの数字がそろう「**ワンペア**」はおこりやすく，その確率はおよそ42％です。

ワンペア

「ノーペア」と「ワンペア」で90％超えか～。

「ワンペア」の次に強い役は，同じ数字のカード2枚のペアが2セットそろう「**ツーペア**」です。
その確率は約4.8％です。
その次は同じ数字が3枚そろう「**スリーカード**」で，その確率は約2.1％です。

スリーカード

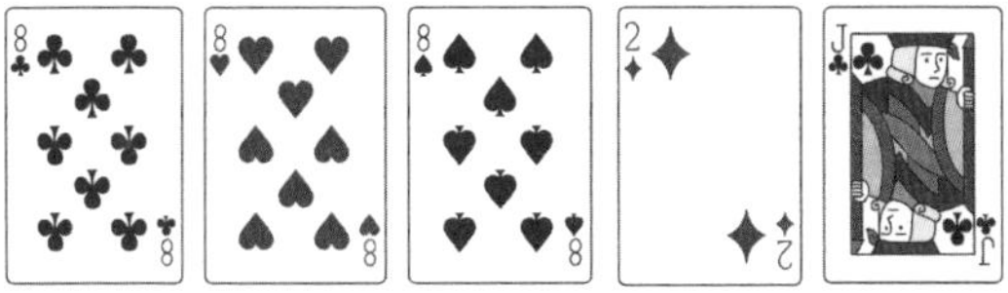

この辺までは，ゲームを繰り返せば，出そうな気がしますね。
でも表を見ると，それより強いカードは，一気に確率が小さくなりますね。

そうですね。
スリーカードよりも強い役は，「**ストレート**」（約0.4％），「**フラッシュ**」（約0.2％），「**フルハウス**」（約0.14％），「**フォーカード**」（約0.02％），「**ストレートフラッシュ**」（約0.0014％）とつづきます。

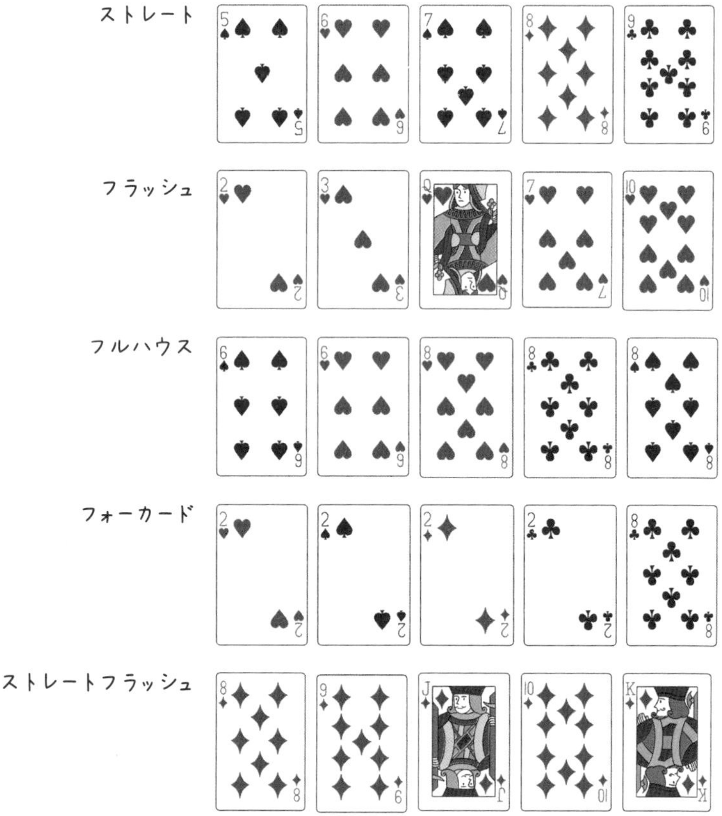

そして，10，ジャック，クイーン，キング，エースがすべて同じマークでそろう最強の役，**ロイヤルストレートフラッシュ**が一発で出る確率は，なんと**約0.000154％**です。
これはおよそ65万回に1回の割合でしかおきない，まさに**奇跡**です！

ロイヤルストレートフラッシュ

65万回に1回！
絶対ないでしょ！

まぁ，ここで求めたのはあくまで，最初に配られたカードで役ができる確率です。
実際のゲームでは，途中でカードを数枚交換することができますから，確率も変化します。

そういえば，友達とポーカーをやるときは，**ジョーカー**を1枚混ぜていました。ジョーカーはどんな札にもなることができるというルールなので，役がつくりやすくなるんです。
ちなみに，ジョーカーが1枚含まれているとき，最初の一発でロイヤルストレートフラッシュができる確率はどれくらいになるんでしょうか？

その場合，確率はおよそ**0.000836％**に上昇します。
ジョーカーを含めないときの約5.4倍！

といってもほぼ奇跡であることには変わりありませんが。ところでポーカーには，**プロのプレイヤー**がいますよね。彼らはなぜ強いんですか？

たしかにポーカーは，ほかのギャンブルとはちがい，プロのプレイヤーがいて，トーナメントが行われています。しかし，プロといえども最初に配られる手札は**確率通り**ですし，次にどんなカードがまわってくるかはわかりません。

じゃあ，なぜ勝てるんですか？

ポーカーのプロは，机上にどんなカードが出ているかを見ることで，次にどんなカードが出てくる確率が高いかを推測できるんです。
つまり，**確率に精通しているんです。**

へえ～！　ポーカーのプロは，**確率計算のプロ**でもあるわけですね。

さらに，勝負にはチップが賭けられます。
弱い役なのにチップの枚数をつり上げるといった**ブラフ**（ハッタリ，こけおどし）をしたり，相手プレイヤーの**癖を読む**ことで，高い勝率を保っているのです。

なるほど。
プロのポーカープレイヤーたちは，確率のプロであることに加えて，**駆け引きのプロ**でもあるんですね！

ギャンブルでもうけるのはむずかしい

結局のところ，ギャンブルでもうけるには，相当な知識と鍛錬が必要なんですね……。
それプラス，やっぱり“ツキ”みたいなものも重要なんでしょうか？　そもそもツキって存在するんですか？

そうですねえ……，ギャンブルで連勝すれば，「ツイてる」ことになるし，負ければ「ツキがなかった」と悔しがるでしょう。
実際のところ，私たちが“ツキ”とよんでいるものは，“結果のかたより”にすぎません。

結果のかたより？

はい。2時間目の最初のコイン1000回投げ実験を思いだしてください。あの実験では，裏が8回連続で出た場合もありましたよね。
あのときのように，**出来事というものは，私たちの想像以上にかたよることがあるのです。**

ふむふむ。

そして，もしコイン投げのようなギャンブルで，8回連続で負けがつづいたりしたら，「ツキがない」と思うわけですよね。

なるほどー。
ちなみにコイン投げで，8回連続して裏がつづくのはどれくらいの確率なんですか？

$\left(\frac{1}{2}\right)^8$で $\frac{1}{256}$ ですね。

でもやっぱり，そんな低い確率の出来事がおこったことは，すごいことじゃないんでしょうか。あのとき，そんな出来事がおこったこと自体，**奇跡的**ではありませんか？

あのときそれがおこったのは，**1000回も投げたから**です。それだけ投げれば，$\frac{1}{256}$のことがおきても不思議ではないでしょう。

そういわれれば，そうですね。

結局“**ツキ**”とは，あとになって検証した際に，かたよった結果にだけ注目して，ツキだと感じているにすぎません。
ですから，ギャンブルの場で勝ちがつづいていたとしても，それはあくまで，**出来事が偶然かたよっているだけ**で，同条件であるかぎり，次に勝つか負けるかの“確率”そのものが変わるわけではないのです。

勝ちが連続して，ツキがあると思う日でも，次の勝負で勝てる確率が高まっているわけではない，ということですね。

そういうことです。
そして，“ツキ”自体は偶然なので，コントロールすることはできません。ですから期待値が100％を下まわっているギャンブルのときには，**“ツイてる”間に勝負を終えるのが正解**ということになります。

あー，なるほど。それがギャンブルで勝つ**コツ**ということか。**ツイてる＝「勝つ確率が高まってる」わけじゃない。**
でも普通は，ギャンブルで勝つと，「今日の俺はツイているから，もう一回！」と賭けをつづけてしまいそうですよね。

それこそ，**胴元の思うつぼ**です。
胴元は，たとえ1人の客が大勝ちしたとしても，「大数の法則」で，ほかの客たちに賭けをつづけさせれば損を取り返せるとわかっているんです。
だからこそ，胴元は勝っている客には寛大に振るまうのです。

確率がコントロールされているから，ギャンブルで確実にもうけることは，**理論的には不可能**なんですね。
確率をマスターすれば大もうけできると思ったのになぁ。

まぁまぁ。でも，確率を知っていれば，無茶なギャンブルで大金を失うこともなくなるんじゃないでしょうか。

まぁ，そうともいえますけども。

ギャンブルでもうけることもできる!?

大もうけするのは理論的に不可能だといいましたが，実は**大もうけ**した例もあるんですよ。

えっ!?
不可能じゃないんですか!?

1873年，**ジョセフ・ジャガーズ**というイギリス人が，モンテカルロのルーレットで大もうけしたんです。
ジャガーズはギャンブルの前日，カジノに部下を送り，ルーレットの出目を**記録**させました。そして，あるルーレットの出目が理論的な確率から**ずれている**ことに気づきました。そしてギャンブルの当日，ずれているルーレットで，出やすい目に賭けつづけたんです。

へえ～！
理論的な確率からずれることもあるんですね。

サイコロやルーレットは，いかに精密につくられているとはいえ，実際に出る目の確率は，理論的な確率からわずかに**ずれ**ます。
そのずれが無視できるほど小さく，**期待値が100％以下**なら，ギャンブラーがもうけることはできません。しかし，もしある程度以上ずれが大きければ，胴元をだしぬくことができるんです。
このときはずれが大きかったため，ジャガーズは大もうけしました。

すごいなぁ。

ジャガーズの**異常な“ツキ”**に気づいた胴元は，すぐにルーレットの出目が理論値からずれていることに気づいて，それ以来，ルーレットを毎日点検するようになったといいます。

予期せぬ出目のかたよりを見つけだして，そこをついたわけか。リサーチの賜物ですね！

ほかにも，1992年に宝くじで**理論的に大もうけ**した例もあります。

宝くじで!?
日本の宝くじは期待値がずいぶん低かったですよね？

大もうけしたのはアメリカの投資グループで，ヴァージニア州の**ロトくじ**です。
そのロトくじは，1～44の数字のうち，六つを選ぶというルールでした。ありうる組み合わせは**$_{44}C_6$＝705万9052通り**です。くじは**1枚1ドル**なので，約700万ドルですべてのくじが買えることになります。

1等の当選金は？

2700万ドルです。そしてなんと，このロトくじの当選金の**期待値は約3.8ドル**でした。

くじの料金である1ドルを超えている!?

ええ，そうです。だから，もしすべてのくじを買い占しめることができれば，**確実**にもうけることができるわけです。
そこで，その投資グループは**くじの買い占め**を実行しました。時間が足りず，結局500万枚しか買えませんでしたが，その中にあたりくじが含まれていたので，投資グループは賞金を手にして，**大もうけ**できたのです。

なるほど～。いいなぁ!
日本の公営ギャンブルで，期待値が高くてもうけられそうなものはあるんですかね？

たとえば，**宝くじやロト**，**toto**などの期待値は0.45～0.5倍ほどです。胴元の取り分が半分以上ということですから，これはかなり分が悪いですね。

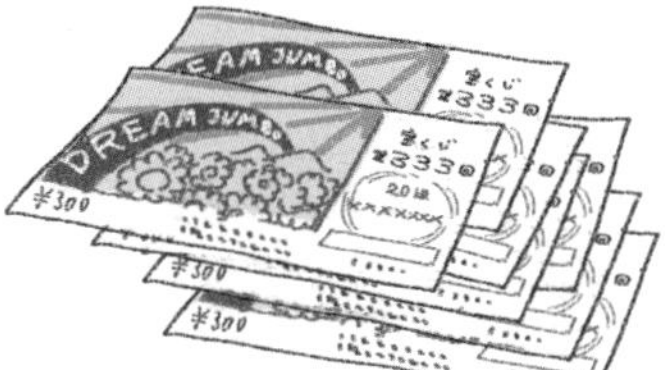

じゃあ，**競馬**や**競艇**は？

競馬や競艇の期待値は0.75倍と，宝くじよりもやや高いですね。さらに，競輪くじの**「チャリロト」**は，キャリーオーバーがたまって理想的な条件が整うと，期待値が1倍をこえることがあるみたいですよ。

うぉーっ，チャリロト買うぞ～!!

期待値無限大！　サンクトペテルブルクのパラドックス

さて，期待値の考え方や計算になれてきたところで，一つ**面白い問題**に挑戦してみましょう。

問題

表と裏のあるコインを投げつづけます。はじめて表が出るまでの回数に応じて賞金がもらえます。1回目に表が出たら「1円」，1回目に裏が出て2回目に表が出たら倍の「2円」，2回目まで裏が出て3回目に表が出たらそのまた倍の「4円」というぐあいに，賞金は倍々に増えていきます。このゲームの参加料は10万円。

あなたは参加しますか？

ゲームのルール

- 1回目に表が出る（表）……1円がもらえる
- 2回目に表が出る（裏 表）……2円がもらえる
- 3回目に表が出る（裏 裏 表）……4円がもらえる
- 4回目に表が出る（裏 裏 裏 表）……8円がもらえる

（2倍、2倍、2倍）

たとえば，20回目にはじめて表が出たとしたら，賞金は52万4288円です。

参加します？

いやいや，だって，運よく5回裏がつづいて，6回目にはじめて表が出たとしても，たかだか32円ですよね。参加費と釣り合わなさすぎじゃないですか。

10万円では参加できないな～！

普通そう思いますよね。

じゃあ，このゲームの**期待値**を求めてみましょうか。「確率×賞金」の値を，1回目にはじめて表が出た場合から，2回目，3回目……と全部足し合わせて，求めることができます。

1回目にはじめて表が出たとき

$$確率 \times 賞金 = \frac{1}{2} \times 1円 = \frac{1}{2}円$$

2回目にはじめて表が出たとき

$$確率 \times 賞金 = \frac{1}{2} \times \frac{1}{2} \times 2円 = \frac{1}{2}円$$

3回目にはじめて表が出たとき

$$確率 \times 賞金 = \frac{1}{2} \times \frac{1}{2} \times \frac{1}{2} \times 4円 = \frac{1}{2}円$$

4回目にはじめて表が出たとき

$$確率 \times 賞金 = \frac{1}{2} \times \frac{1}{2} \times \frac{1}{2} \times \frac{1}{2} \times 8円 = \frac{1}{2}円$$

5回目にはじめて表が出たとき

$$確率 \times 賞金 = \frac{1}{2} \times \frac{1}{2} \times \frac{1}{2} \times \frac{1}{2} \times \frac{1}{2} \times 16円 = \frac{1}{2}円$$

表が出ないかぎり，ゲームはどこまでもつづきます。ですから，上の計算をすべて足し合わせて期待値を求めると次のようになります。

$$\frac{1}{2} + \frac{1}{2} + \frac{1}{2} + \frac{1}{2} + \frac{1}{2} + \cdots\cdots$$

どこまでも$\frac{1}{2}$がつづく！

いったい何回$\frac{1}{2}$を足し算すればいいんですか？

表が出ない限りゲームは終わらないので，$\frac{1}{2}$を“無限回”足し合わせることになります。
すると，その結果，期待値はどうなると思いますか？

期待値は……，**む，無限大!?**

そうです！
つまり，確率的には，たとえ参加費が1兆円だったとしても，このゲームに参加する価値がある，ということになるのです。

そ，そんなバカな。

10万円でも参加したくない！

そうでしょうね。
10回目にはじめて表が出る確率ですら $\frac{1}{1024}$ で，そのときの賞金もたかだか512円です。

512円以上の賞金をもらえることは，ほぼないじゃないですか！

そうなんです。参加料の10万円とは釣り合わないですよね。
それに，**期待値が無限大**ということは，胴元が**無限大の賞金**を用意できることが前提です。でも，実際にはそんなこと不可能ですよね。

無限大の賞金……。

胴元に**無限の支払い能力**があり，**無限回のゲーム**をやることができれば，確かに**期待値は無限大**になります。しかし，そんなことは**現実的に不可能**です。
このゲームは，“期待値が無限大であるにもかかわらず，参加したいとは思えない”ことから，**「サンクトペテルブルクのパラドックス」**とよばれています。
期待値は状況を判断するための非常に重要な指標ですが，万能とはいえないのです。

確率の計算で未来を予測することができる。しかし，その計算結果が思わぬ落とし穴になることもある。
おもしろいなぁ。

STEP 2

意外な確率を計算してみよう！

ここでは，ちょっと意外に思えるような確率を，計算で求めてみます。さらに，モンティ・ホール問題や３囚人問題といった確率の難問に挑戦してみましょう!

互角の日本シリーズが最終戦までもつれる確率は，3割程度

さて，3時間目のSTEP2では，意外と思えるようないろいろな確率を，計算で求めていきましょう。
最初のテーマは，野球の日本シリーズです。

おっ，野球か！
去年は，応援しているチームがプレーオフで負けて，日本シリーズに出ることができなかったんですよ。

ふふふ，残念でしたね。でも今年こそはきっとやってくれますよ！
さて，セ・リーグとパ・リーグの覇者どうしが日本一をかけて戦う**日本シリーズ**は，どちらかのチームが先に4勝すれば決着です。

4連勝して勝つとうれしいんですよね！
でも一方で，4試合で終わっちゃうんで，ファンとしてはもう少し長く楽しみたかったな，という気もします。

もしも3勝3敗で最終戦（第7戦）にもつれこめば，
ファンは7試合も楽しむことができますよね。

その試合に勝ったほうが日本一！
第7戦は盛り上がるんですよ〜。

さて，ある野球解説者が日本シリーズ開戦前に次のように解説したとします。

今年の日本シリーズは大接戦です。両チームの実力はまったく互角ですから，最終戦の第7戦までもつれこむ可能性が最も高いでしょう。

さて，この解説は正しいでしょうか？

ん？　実力が拮抗していれば，第7戦までいく確率は高いんじゃないですか？
逆に実力差があれば，4戦で終わると思います。

それじゃあ実際に実力が互角のときに，**第7戦までもつれる確率**を計算してみましょう。
実力が互角という前提なので，セのチームが1戦ごとに**勝つ確率は50％，負ける確率も50％**だとします。
ではまず，**「セのチームが4連勝で優勝する確率」**は，いくつになるでしょうか？

えっ!?　いきなり!?
うーん，わかんないっす。

$\frac{1}{2}$の確率の出来事が4回連続でおきるわけなので，$\left(\frac{1}{2}\right)^4 = \frac{1}{16} =$ **6.25%** です。
パのチームでも同じ計算が成り立つことを考えると，「4勝0敗で決着がつく確率」は6.25％×2＝**12.5％**となります。

1割ちょいくらいの確率ということですね。
まぁ低いですけど，けっこうありえそう。

次に，**「セのチームが4勝1敗で優勝する確率」**を計算しましょう。
第1戦から第5戦までの勝敗パターン（○が勝ち，×が負け）は「○○○×○」「○○×○○」「○×○○○」「×○○○○」の**4通り**です（第5戦は必ず勝つ）。

では，それぞれの確率を計算してください。

えーっと，○○○×○のパターンは……。

$$\frac{1}{2}\times\frac{1}{2}\times\frac{1}{2}\times\frac{1}{2}\times\frac{1}{2}$$
$$=\left(\frac{1}{2}\right)^5=\frac{1}{32}=3.125\%$$

3.125%でした。
ん？　この計算って，どこで負けても一緒じゃないですか？
「○○○×○」「○○×○○」「○×○○○」「×○○○○」
は，**どれも3.125%**になると思います。

いいところに気づきましたね！
その通りです。というわけで，セのチームが4勝1敗で優勝する確率は，3.125％×4＝**12.5%**となります。
パのチームでも同じなので，「4勝1敗で決着がつく確率」は12.5％×2＝**25％**です。

あれれ，けっこう高い確率ですね。

同様に，**「4勝2敗で決着がつく確率」**を計算しましょう。セのチームが優勝する場合，最終戦（第6戦）は必ず勝つので，その前の5試合で2敗することになります。

5試合の中から負ける2試合の組み合わせの数は，$_5C_2$で計算できますよね。
$_5C_2 = 10$なので，セのチームが4勝2敗となるパターン数は**10通り**です。

むずかしぃ〜ッ！
組み合わせのCってこういう計算でも使えるんだ……。

それぞれの確率は，$\left(\frac{1}{2}\right)^6 = \frac{1}{64} = 1.5625\%$です。
これが10通りあるので，求める確率は$1.5625\% \times 10 = 15.625$。
さらにパ・リーグも考えると，4勝2敗で決着がつく確率は，$15.625 \times 2 =$ **31.25％**です。

4勝2敗で決着がつく確率は，3割以上なんですね。

セのチームが「4勝2敗」で優勝する場合（全10通り）

	第1戦	第2戦	第3戦	第4戦	第5戦	第6戦	確率
1.	○	○	○	×	×	○	$0.5^6 = 0.015625$
2.	○	○	×	○	×	○	$0.5^6 = 0.015625$
3.	○	○	×	×	○	○	$0.5^6 = 0.015625$
4.	○	×	○	○	×	○	$0.5^6 = 0.015625$
5.	○	×	○	×	○	○	$0.5^6 = 0.015625$
6.	○	×	×	○	○	○	$0.5^6 = 0.015625$
7.	×	○	○	○	×	○	$0.5^6 = 0.015625$
8.	×	○	○	×	○	○	$0.5^6 = 0.015625$
9.	×	○	×	○	○	○	$0.5^6 = 0.015625$
10.	×	×	○	○	○	○	$0.5^6 = 0.015625$
合計							$0.15625 = 15.625\%$

それでは，最後に，「4勝3敗で決着がつく確率」を計算しましょう。セのチームが優勝する場合の勝敗パターンは，最終戦をのぞいた6試合で3敗するわけなので，パターン数は，${}_6C_3$＝**20通り**です。
それぞれの確率は$\left(\frac{1}{2}\right)^7=\frac{1}{128}$＝0.78125％です。セのチームが優勝する確率は，0.78125％×20＝15.625％。パのチームが勝利することも考慮すると，4勝3敗で決着がつく確率は，15.625％×2＝**31.25％**となります。

セのチームが「4勝3敗」で優勝する場合（全20通り）

	第1戦	第2戦	第3戦	第4戦	第5戦	第6戦	第7戦	確率
1.	○	○	○	×	×	×	○	0.5^7＝0.0078125
2.	○	○	×	○	×	×	○	0.5^7＝0.0078125
3.	○	○	×	×	○	×	○	0.5^7＝0.0078125
4.	○	○	×	×	×	○	○	0.5^7＝0.0078125
5.	○	×	○	○	×	×	○	0.5^7＝0.0078125
6.	○	×	○	×	○	×	○	0.5^7＝0.0078125
7.	○	×	○	×	×	○	○	0.5^7＝0.0078125
8.	○	×	×	○	○	×	○	0.5^7＝0.0078125
9.	○	×	×	○	×	○	○	0.5^7＝0.0078125
10.	○	×	×	×	○	○	○	0.5^7＝0.0078125
11.	×	○	○	○	×	×	○	0.5^7＝0.0078125
12.	×	○	○	×	○	×	○	0.5^7＝0.0078125
13.	×	○	○	×	×	○	○	0.5^7＝0.0078125
14.	×	○	×	○	○	×	○	0.5^7＝0.0078125
15.	×	○	×	○	×	○	○	0.5^7＝0.0078125
16.	×	○	×	×	○	○	○	0.5^7＝0.0078125
17.	×	×	○	○	○	×	○	0.5^7＝0.0078125
18.	×	×	○	○	×	○	○	0.5^7＝0.0078125
19.	×	×	○	×	○	○	○	0.5^7＝0.0078125
20.	×	×	×	○	○	○	○	0.5^7＝0.0078125
合計								0.15625＝15.625％

あれ，これって，4勝2敗で決着がつくときとまったく同じ確率じゃないですか。

そうなんです。実力が互角と聞けば，4勝2敗よりも4勝3敗で決着がつく可能性のほうが高いような気がするかもしれませんが，**その直感は誤り**なんです。

そうだったのか。
4勝3敗で決着がつくのは，実力が拮抗していても，せいぜい**3割程度**なんですね。
ところで，日本シリーズは必ず**強いチーム**が勝つのでしょうか？　**弱いチーム**が先に4勝して勝つこともありえますか？

それでは，1試合に**勝つ確率が60%**の強いチームと，**勝つ確率が40%**の弱いチームを考えて計算してみましょう。

野球の優勝チームの勝率でも5割台のことが多いので，両チームはかなりの実力差があるといえそうですね。

では，場合分けをして考えて行きましょう。
まず「強いチームが4連勝する確率」は？

さっきと同じですよね。
$(0.6)^4$だと思います。

正解です。$(0.6)^4$＝**12.96%**ですね。

次に，「強いチームが4勝1敗で優勝する確率」を計算ましょう。先ほど見た通り，第1戦から第5戦までの勝敗パターンは**4通り**です。
たとえば，「○○○×○」では，強いチームが4勝かつ，弱いチームが1勝するので，確率は$(0.6)^4 \times 0.4 =$ 5.184％です。
4通りの合計は5.184％×4＝**20.736％**となります。

20％超えかぁ。けっこう高いな。

同様に，「4勝2敗で決着がつく確率」を計算します。強いチームが優勝する場合の勝敗パターンは222ページで見たのと同じで**10通り**あります。
それぞれの確率は$(0.6)^4 \times (0.4)^2 =$ 2.0736％です。
10通りの合計は2.0736％×10＝**20.736％**です。

お，4勝1敗のときとまったく同じ確率だ。

最後に，「4勝3敗で決着がつく確率」を計算します。強いチームが優勝する場合の勝敗パターンは**20通り**です。
それぞれの確率は$(0.6)^4 \times (0.4)^3 =$ 0.82944％です。
20通りの合計は，0.82944％×20＝**16.5888％**となります。

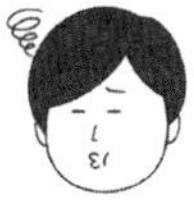

ふーっ，これですべての確率を求められましたね。

これらをすべて合計すると，**強いチームがシリーズを制する確率**になります。

12.96％＋ 20.736％＋ 20.736％＋ 16.5888％
＝ 71.0208％

求める確率は，**約71％**になります。ということは，約29％の確率，つまり「3～4回に1回は弱いチームが優勝」することになります。

弱いチームが優勝する確率は意外と高いですね。
3～4回に1回かぁ。勝負の世界は，いつも実力通りとはいかないものですね。

ベストな結婚相手の選び方

次のテーマは**結婚相手の選び方**です。
今の相手と結婚すべきかどうか……。
そんな悩みにも確率論は一つの指針をあたえてくれるかもしれません。
次のようなケースを考えてみましょう。

問題

あなたは，一生のうちに10人と交際するチャンスがあります。なお，一度別れた人とは二度と会うことはできません。

交際する10人の中に，最良の結婚相手Aさんがいます。しかし，Aさんが何番目にあらわれるかはわかりません。

どうすればAさんと結婚できる可能性が最も高くなるでしょうか？

理想の結婚相手Aさんかぁ。
出会いたいものです。
今のところ，結婚とはまったく
縁がないもので……。
それで，えーっと**Aさんと結婚する方法**ですね。

仮に1人目の交際相手と結婚した場合，それが**Aさん**である確率は $\frac{1}{10}$（＝10％）ということですよね。かなり低いなぁ〜。
だからといって10番目まで待って結婚したとしても，Aさんと結婚できる確率は10％のままだから，うーん，$\frac{1}{10}$ の確率にかける以外に方法があるんでしょうか？

ふふふ。じゃあ**確率論**で考えていきましょう。
まず，1人目の交際相手と結婚する場合，Aさんと結婚できる確率は，当然 $\frac{1}{10}$（＝10％）です。
次に，**1番目の交際相手とは無条件で別れ，2番目以降の交際相手に，1番目よりも魅力的な人があらわれた時点でその人と結婚する戦略を考えます。**

そっか，「以前付き合った人よりも魅力的かどうか」を判定材料にするわけですね。

はい。1番目の交際相手と無条件で別れた場合，もしその人がAさんだったとしたら，Aさんと結婚できる確率は当然**ゼロ**です。

うう……。

1番目の交際相手が，2番目によい**Bさん**（確率$\frac{1}{10}$）だったなら，それ以降でBさんよりよい人はAさんしかいないので，Aさんが何番目に出てきたとしても，Aさんと結婚できます（確率$\frac{1}{1}$）。このときの確率は$\frac{1}{10}\times\frac{1}{1}$と計算できます。

ふむふむ。

さらに1番目の交際相手が，3番目によい**Cさん**（確率$\frac{1}{10}$）だったなら，それ以降BさんよりAさんが先に登場（確率$\frac{1}{2}$）すれば，Aさんと結婚できます。
その確率は$\frac{1}{10}\times\frac{1}{2}$です。

うわぁ，考えるのが大変。

さらに1番目の交際相手が，4番目によい**Dさん**（確率$\frac{1}{10}$）だったなら，それ以降にBさんとCさんより先にAさんが登場（確率$\frac{1}{3}$）すれば，Aさんと結婚できます。その確率は$\frac{1}{10}\times\frac{1}{3}$です。

こ，こんなふうにして全部計算するんですか？

そうです。大変なので，はしょりましょう。
「１番目の交際相手とは別れ，その人より魅力的な人が２番目以降にあらわれた時点で結婚する戦略」における，Ａさんと結婚できる確率は，以下のように全部を足し合わせて計算できます。

$$0+\left(\frac{1}{10}\times\frac{1}{1}\right)+\left(\frac{1}{10}\times\frac{1}{2}\right)+\left(\frac{1}{10}\times\frac{1}{3}\right)+\left(\frac{1}{10}\times\frac{1}{4}\right)+\left(\frac{1}{10}\times\frac{1}{5}\right)+\left(\frac{1}{10}\times\frac{1}{6}\right)+\left(\frac{1}{10}\times\frac{1}{7}\right)+\left(\frac{1}{10}\times\frac{1}{8}\right)+\left(\frac{1}{10}\times\frac{1}{9}\right)$$

$$\fallingdotseq 0.283\ (=28.3\%)$$

ということで，Ａさんと結婚できる確率は**約28%**。

１人目の交際相手と無条件で別れた場合，３割近い確率で，
理想のＡさんと結婚できる！

はい。同様の計算を行うと，「2人と別れたあとに結婚する戦略におけるAさんと結婚できる確率」は約37％。「3人」の場合は約39.9％，「4人」の場合は約39.8％，「5人の場合は約37％，「6人」の場合だと約33％…となります。
参考までに，一覧表にしてみました。

無条件に別れる人数	確率
0人	10%
1人	約28.3%
2人	約36.6%
3人	約39.9%
4人	約39.8%
5人	約37.3%
6人	約32.7%
7人	約26.5%
8人	約18.9%
9人	10%

ふーむ。無条件に別れる人数が**3人**と**4人**ではほとんど変わりませんけど，わずかに3人が一番確率が高いようですね。

そうなんです。
この戦略をとると，3〜4人と交際してから最良の人を選ぶ方法が，最もAさんと結婚できる確率が高くなることがわかります。

なるほど〜。焦って結婚する必要はないってことですね〜！　ま，それ以前にまずは相手を探すところからですかね〜！　ハハ！

30人クラスに同じ誕生日の2人がいる確率は70%くらい

次のテーマは**誕生日**です。
「同じクラスに誕生日が同じ2人がどれくらいの確率でいるのか」を考えてみましょう。

問題

30人のクラスの中で，1組でも同じ誕生日のペアがいる確率はどれくらいでしょうか? うるう年は考慮せずに，1年間を365日で考えてください。

30人クラスですか……。
1年間は365日だから，誕生日が同じ人がいる確率は，かなり低いんじゃないでしょうか。
もう，その2人の出会いは**運命レベル**だと思います。

さぁ，どうでしょう。
計算してみてください。

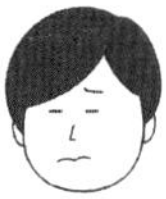

うぇーっ，どうやって計算すればいいんだ。
1人目と2人目の誕生日が同じ確率は……。

実はこの問題は，計算のしかたにポイントがあります。誕生日が一致するペアがいる確率を一つ一つ場合分けして考えるのはとっても大変です。
そこで，この問題の**余事象**である，「誕生日がみんなことなる確率」を最初に考えて計算するんです。

おぉ。**余事象か！**
えーっと，誕生日がみんなちがう確率ですよね。
うーん，どうやって考えればいいんだ。
とにかく確率だから，あれだな，

$$30\text{人の誕生日がことなる確率} = \frac{30\text{人の誕生日がことなる場合の数}}{30\text{人のすべての誕生日の場合の数}}$$

この式で求められますよね？

ええ，その通り。 いいですよ。
分母にくる，「30人のすべての誕生日の場合の数」は，簡単に求められるんじゃないでしょうか。

えっと，30人それぞれに365通りの誕生日がありうるわけだから，365^{30}でしょうか？

正解～！　次は，「30人の誕生日がことなる場合の数」です。コツは順列のPを使うことですよ。

うーん……。そうか，ひらめいた！
1人目から30人目まで，365日の中から誕生日を選んで並べればいいんですね!?　${}_{365}P_{30}$ですね！

天才的！ びっくりしました。
じゃあ，早速計算してみましょう。手で計算するのはとても無理なので，電卓で計算すると……。

30人の誕生日がことなる確率 $= \dfrac{{}_{365}P_{30}}{365^{30}}$

$$= \frac{365 \times 364 \times 363 \times \cdots\cdots \times 336}{365^{30}}$$

$\fallingdotseq 0.30$

全員の誕生日が一致しない確率は**約30% ！**
ということは，少なくとも「1組の誕生日が一致する確率」は，**約70%**ってことですか。なんか，めっちゃ高いですね。

運命でもなんでもないや。

そういうことです。
1年間は365日もあるので，少し意外に思うかもしれませんね。でも，クラスの人数が23人を超えると，誕生日が同じペアがいる確率は**50%**をこえるんですよ。
クラスの人数と，誕生日が同じペアがいる確率をグラフにすると，次のようになります。

クラスの人数と，1組みでも誕生日が一致している確率の関係

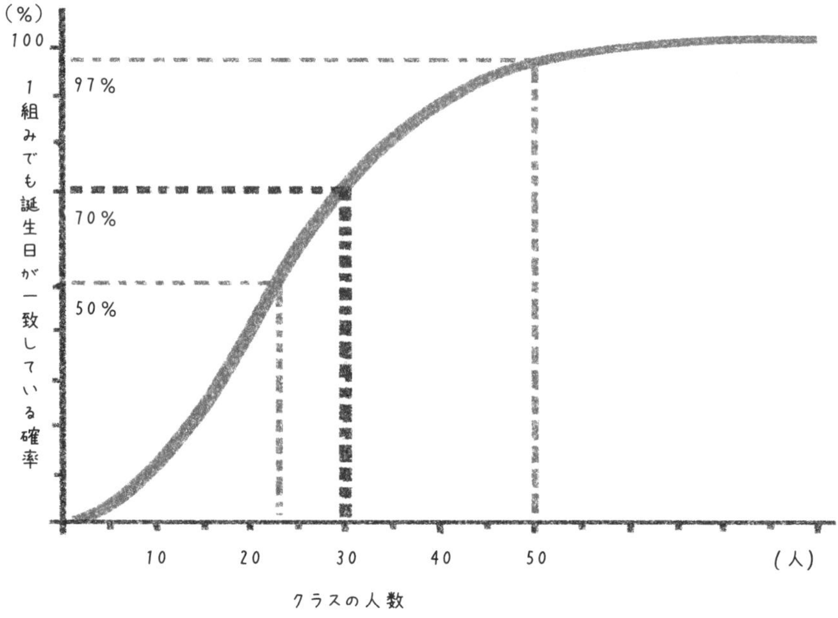

なるほど。
ちなみに，私と同じ誕生日のクラスメイトがいる確率はどれくらいになるんでしょうか？　たしか高校のとき，同じクラスだったきみこちゃんと同じ誕生日だったんですよ。

くわしい説明は省略しますが，30人クラスで，**約7.6%**です。

30人の中に自分と同じ誕生日の人がいる確率

$$= 1 - \left(\frac{364}{365}\right)^{29}$$

$$\fallingdotseq 0.076$$

ほぉ，さっきよりもずいぶん低いですね。
でも，同じクラスで誕生日が同じ人がいる，って，かなり高い確率なんですねぇ。

2人の子供の片方が男の子。もう片方の性別は？

さて，ここからは，**条件つき確率**というものを紹介しましょう。

条件つき？ またややこしそうですねぇ〜。

まぁまぁ，一つずついきましょう。
まずは次の問題で，**準備運動**しましょう。

問題

ある家族には子供が2人います。そのうち1人は男の子であることがわかりました。このとき，もう1人も男の子である確率は，いくつでしょうか？

これは私でもわかります！
たとえ1人が男の子でも，もう1人は男か女かの2通りなので，もう1人が男の子である確率はずばり，$\frac{1}{2}$です！
フフ，余裕♪

ぶぶーっ！ 残念！　はずれです。
正解は$\frac{1}{3}$。

え〜っ!? なんで？ そんなはずないでしょう。

なぜ$\frac{1}{3}$になるのか，パターンを書きだして考えてみましょう。まず，ある家族に子供が2人いるという状況で，「そのうち（少なくとも）1人は男である」という情報がないときを考えてみます。
この場合，性別のパターンは生まれた順に**男・男**，**男・女**，**女・男**，**女・女**の**4通り**の可能性があります。

ふむふむ。
私は，姉が１人いるので，３番目のパターンです。

この状況で「そのうち（少なくとも）1人は男である」という情報を考えます。
すると，上記の4通りの可能性から**女・女**のパターンは**除外**されます。
すると，残された可能性は，**男・男**，**男・女**，**女・男**の**３通り**です。

あっ，この3通りのうちで，1人が男のとき，もう1人も男なのは，**男・男**のときだけですね。
そっか，3通りのうちの一つだから，確率は$\frac{1}{3}$になるわけか。うーん……。

ちなみに，この問題が「上の子は男であるとき，もう1人が男である確率は？」であれば，**男女・男男**の2通りのうち，**男・男**だけなので，答えは直感通りの$\frac{1}{2}$になります。

うーむ。「どういう条件がつくか」によって，もう1人が男の子である確率が変わるんですね。

はい。この，「1人が男の子であるとき」のように，**ある条件や情報がもたらされたときには，確率が変化する場合があるんです。このような確率を，条件つき確率といいます。**

条件つき確率……。

ちなみに脱線しますが，条件つき確率は，人工知能の技術などに欠かせない，**ベイズ統計**という統計手法のベースとなる考え方です。
ベイズ統計は，18世紀のイギリスの牧師で，数学者でもあった**トーマス・ベイズ**（1702～1761）に由来しています。

トーマス・ベイズ
（1702～1761）

牧師でなおかつ数学者って，天才じゃないですか。

さて，今度は，**計算**を使って，今回の確率を求めてみましょうか。確率の計算式に照らし合わせると，1人が男の子のとき，もう1人も男の子の確率は，次のようにして求められます。

1人が男の子のとき，
もう1人も男の子である確率

$$=\frac{\text{求める場合の数}}{\text{おこりうるすべての場合の数}}$$

$$=\frac{\text{1人が男の子，かつもう1人も男の子の場合の数}}{\text{2人のうち少なくとも1人が男の子の場合の数}}$$

今回の場合，分子は**男・男**の1通りです。そして分母が**男女・男男・女男**の3通りですから，求める確率は$\frac{1}{3}$となります。

さっき求めた確率と同じですね！

そうでしょ。今回の問題を解くだけならこれで終了です。ただ，条件つき確率を求める**公式**を出したいので，もう少しついてきてください。

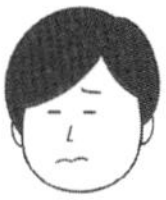

はい，がんばります……。

先ほどの式の分子と分母を「2人の子供のすべての場合の数」で割ると，次の式が成り立ちます。

1人が男の子のとき，もう1人も男の子である確率

$$=\frac{\text{1人が男の子，かつもう1人も男の子である確率}}{\text{2人のうち少なくとも1人が男の子である確率}}$$

というわけで，これが**条件つき確率を求めるための公式**のようなものです。

フクザツ〜！

ではこれに，今回の数字をあてはめてみましょう。
分子の「1人が男の子，かつもう1人も男の子である確率」は，全4通りのうち**男・男**の1通りなので，$\frac{1}{4}$です。
そして，2人のうち少なくとも1人が男の子である確率は，全4通りのうち**男女・男男・女男**の3通りなので，$\frac{3}{4}$です。
したがって，上の式に数を入れると次のように確率を求められます。

1人が男の子のとき，もう1人も男の子である確率

$$=\frac{1}{4}\div\frac{3}{4}=\frac{1}{3}$$

というわけで，1人が男の子のとき，もう1人も男の子である確率は$\frac{1}{3}$です。

やっぱりこの求め方でも，さっきと同じになりましたね。

そうですね。というわけで，**条件つき確率を求めるための公式**は，次の通りです。

ポイント!

条件つき確率

Bという条件のもとでAがおこる確率

$$= \frac{\text{AかつBがおこる確率}}{\text{Bがおこる確率}}$$

条件つき確率の公式は，このあともたくさん出てくるので，忘れたらここにもどってきてください。

ぐぬぬぬ。
条件つき確率の，もう少し単純な例があれば，教えてほしいのですが。

では,**もーっと単純に。**次の問題を考えてみてください。

問題

52枚のトランプから引いた1枚がハートであるとき，それがキングである確率は?

ハートのカードは1～Kまで13枚あるので，単純にこの問題の答えは，$\frac{1}{13}$ じゃないですか？

その通りです。ただ，これは，条件つき確率なので，先ほどの公式にあてはめて答えを求めてみましょう。
今回の問題では，公式のAは「引いたカードがキングである」，Bは「引いたカードがハートである」ということになります。

待って，整理します。

ええと，今回の問題は，**「引いたカードがハートであるという条件のもと（B）で，その引いたカードがキングである確率（A）は？」**ということですね。
先ほどの公式で考えるとその答えは，「**ハートのキングを引く確率（AかつBがおこる確率）**を，**ハートを引く確率（Bがおこる確率）**で割ったもの」ということですね。

引いたカードがハートのとき，それがキングの確率

$$= \frac{\text{ハートのキングを引く確率}}{\text{ハートを引く確率}}$$

そうです！　いい調子。じゃあ，これを計算してみてください。

まず，分子にくる「52枚のトランプからハートのキングを引く確率」は，$\frac{1}{52}$ ですよね。

OK！　じゃあ，分母のハートを引く確率は？

52枚のトランプから，ハートのうちのどれか１枚を引く確率だから，$\frac{13}{52}$ですね。だから……

引いたカードがハートのとき，それがキングである確率

$$= \frac{\text{ハートのキングを引く確率}}{\text{ハートを引く確率}}$$

$$= \frac{1}{52} \div \frac{13}{52} = \frac{1}{13}$$

$\frac{1}{13}$となりますね！

よくできました！

$\frac{1}{13}$というのは，直感通りですね。
なんとなく公式の使い方がわかってきました！
むずかしいですけど！

どちらの箱から球を引いたのか，確率を求めてみよう

条件つき確率をもっと考えてみましょう。

問題

赤い玉と青い玉が合計6個ずつ入った箱Aと箱Bがあります。

箱Aには赤い玉が4個，青い玉が2個入っています。箱Bには赤い玉が2個，青い玉が4個入っています。

あなたは目隠しをして，$\frac{1}{2}$の確率でランダムにどちらかの箱から玉を一つ取り出しました。すると，赤い玉でした。さて，どちらの箱から引いたのでしょうか？

えっ！
赤い玉はどちらの箱にも入っているわけですから……，，
答を出しようがないのでは？

そうですね。ただし，それぞれの箱から引いた確率を**推定**することはできます。

うーむ。
箱Aのほうが赤い玉が多かったので，箱Aから引いた確率のほうが高くなりそうですね。

いい勘してますね。
これはまた，**条件つき**です。

またさっきと全然ちがう条件だなあ。
えーと，
どのように考えるんでしょうか？

今回の問題では，**「赤玉が出たとき，箱Aを選んでいた確率」**を求めるわけですネ。

うーん，全然わかんない！

先ほどの公式にあてはめるだけですよ。
早速計算してみましょう！

赤玉が出たとき，箱Aを選んでいた確率

$$= \frac{\text{箱Aを選びかつ赤玉が出る確率}}{\text{赤玉が出る確率}}$$

まず「それぞれの箱を選ぶ確率は$\frac{1}{2}$」と，問題文にありましたね。それから，箱Aの中は六つの玉のうち，四つが赤玉だったので，箱Aを選んだときに赤玉が出る確率は$\frac{4}{6}$です。だから……。

箱Aを選びかつ赤玉が出る確率

$$= \frac{1}{2} \times \frac{4}{6} = \frac{2}{6}$$

箱Aを選び，かつ赤玉が出る確率は$\frac{2}{6}$です。

正解！

じゃあ，分母の赤玉が出る確率は？

A，Bの二つの箱があるわけですよね……。

ぐぬぬぬ。むずかしい。

箱Aを選びかつ赤玉を引く確率と，箱Bを選びかつ赤玉を引く確率を，単に足せばいいんですよ。

そうか！　**加法定理**ですね。
箱Bを選んだときに赤玉を引く確率は$\frac{2}{6}$です。箱Bを選ぶ確率は$\frac{1}{2}$なので，箱Bから赤玉を引く確率は$\frac{1}{2}\times\frac{2}{6}=\frac{1}{6}$です。
箱Aから赤玉を引く確率は$\frac{2}{6}$だから，箱A,B問わず赤玉が出る確率は，$\frac{2}{6}+\frac{1}{6}=\frac{3}{6}$です！

ピンポン！
あとは公式に数値をあてはめるだけです。

よし！

赤玉が出たとき，箱Aを選んでいた確率

$$=\frac{\text{箱Aを選びかつ赤玉が出る確率}}{\text{赤玉が出る確率}}$$

$$=\frac{2}{6}\div\frac{3}{6}=\frac{2}{3}$$

答えは$\frac{2}{3}$です。

大正解！
この問題では，どちらの箱から玉を取りだす確率も$\frac{1}{2}$です。でも，「玉が赤色」という条件が加わったために，箱Aから取りだした確率が$\frac{2}{3}$へと変化したわけです。

なんだか不思議な感じ。

今回の問題のように，ある結果をもたらした原因の確率を求めるための統計手法を，**ベイズ統計**や**ベイズ推定**といいます。
今流行りの統計手法なんですよ。

計算方法の流行とかあるんですね……。

迷惑メールの判別にも条件つき確率

流行っているとのことですけれど，「ベイズ統計」なんて聞いたことはありません。

ベイズ統計については，この本では，あまりくわしい話はしませんが，**人工知能**などの技術に欠かせない手法なんですよ。
それから，**迷惑メールの判別**にも同様の技術が使われているんですよ。

迷惑メールの判別!?　そういえばパソコンのメールソフトは，迷惑メールを迷惑メールフォルダに，自動的に振り分けてくれますが，それですか？

そうそう，それです。
メールソフトによる迷惑メールの判別は，**条件つき確率**や**ベイズ統計**を利用しているんですよ。

どう利用されているのか，見当もつかないですが……。

ごく簡単に，エッセンスだけ説明すると，メールソフトは，届いたメールに**特定の単語や情報**が含まれているときに，迷惑メールである確率を**計算**することで，迷惑メールか否かの**判別**を行っているんです。

ひえ〜！ ど，どうやって??

たとえば，メールの件名や本文に「**出会い**」や「**無料**」「**請求**」などの文字が含まれていた場合，迷惑メールである確率が高い，という具合です。

あぁ！　たしかに，“ザ・迷惑メール”って感じのワードですね。

過去に届いた迷惑メールを分析すれば，さまざまな単語について，迷惑メールにおける**出現確率**を求めることができます。たとえば，『迷惑メールに「無料」という単語が含まれる確率は30%』といった具合です。
そして逆に，『「無料」という単語が含まれているとき，迷惑メールである確率がどれくらいか』を求めることもできるんです。
これを複数の単語で計算することで，届いたメールが迷惑メールである確率を見積もっているんですね。

メールは、迷惑メール送信者から送られてきたのか、通常の送信者から送られてきたのか

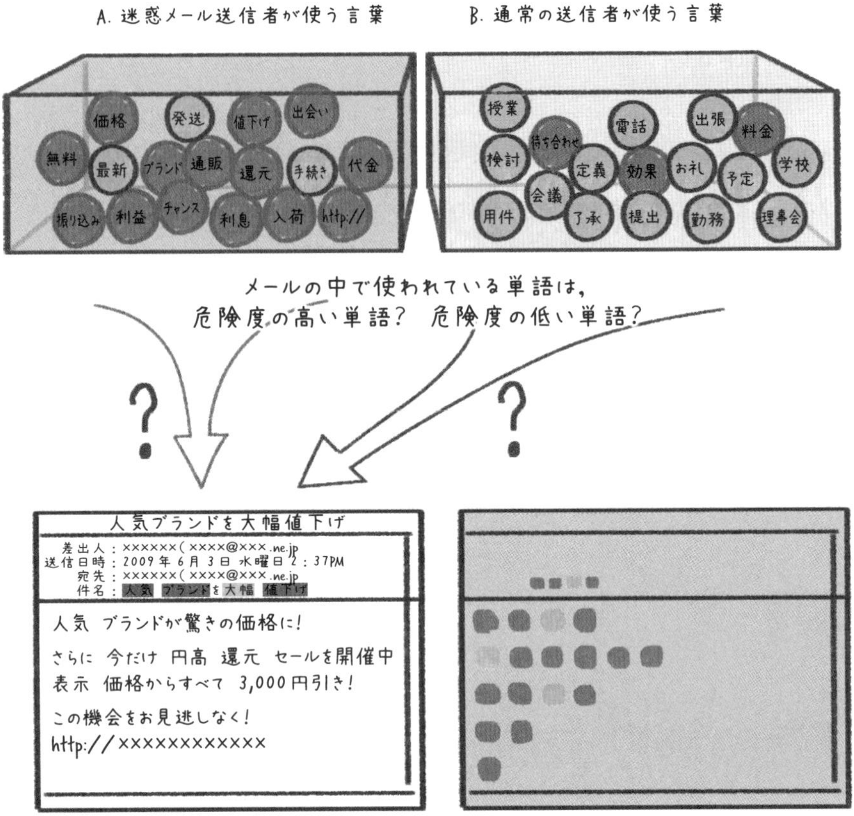

メールの中で使われている単語を、メールを開く前にコンピューターに自動的に分析させます。

メールの中に、危険度の高い単語が多ければ、迷惑メールである確率が高くなります。迷惑メールである確率が基準値以上なら、迷惑メールと判定されます。

いや，すごすぎるでしょう。
そんなトンデモナイ計算が行われているとは！
具体的にはどのような計算をしているんでしょうか？

では，具体的に以下のような例を考えてみましょう。
なお，これはあくまで架空の話ですよ。

問題

過去に届いたメールを調査すると，60%が迷惑メール，40%が通常のメールでした。

迷惑メールに「無料」という単語が含まれている確率は20%，通常のメールに「無料」という単語が含まれている確率は5%でした。

さて，届いたメールに「無料」という単語が含まれているとき，そのメールが迷惑メールである確率はいくらでしょうか？

ふぅむ。 さっきの「赤玉はどっちの箱からだったでしょうか問題」と似ていますね。

そうです！ **条件つき確率の計算式**を使うんですよ。

ええっと……。
「無料という単語が含まれているとき，メールが迷惑メールである確率」ということですね。

まさにそういうことです。

となると，条件つき確率の式は……

無料という単語が含まれているとき，
迷惑メールである確率

$$= \frac{\text{メールが迷惑メールかつ，「無料」が含まれている確率}}{\text{メールに「無料」が含まれている確率}}$$

いいですね！
あとは分子と分母の確率を計算するだけです。

うーん，まずは分子にあたる部分を計算してみます。
届いたメールが迷惑メールの確率は60%。さらに，迷惑メールに「無料」が含まれている確率は20%だから，メールが迷惑メールかつ「無料」が含まれている確率は，$0.6 \times 0.2 = 0.12\,(=12\%)$ だと思います。

OK ！
だいぶ慣れてきましたね。
では分母は？

ええっと，**メールに「無料」が含まれている確率は，迷惑メールのときと通常のメールのときの，二つの場合の確率を足し合わせればいいんですよね。**
まず迷惑メールの場合に「無料」が含まれている確率は，今計算した $0.12\,(=12\%)$。
通常のメールの確率は40％で，通常のメールに無料が含まれている確率は5％。
ということは，通常のメールかつ「無料」が含まれている確率は，$0.4 \times 0.05 = 0.02\,(=2\%)$

その調子！

これらを足し合わせて……，メールに「無料」が含まれている確率は，$0.12 + 0.02 = 0.14\,(=14\%)$ です。

すばらしい！

そして，これらの数字を計算式に代入すると……

無料という単語が含まれているとき，
迷惑メールである確率

$$= \frac{\text{メールが迷惑メールかつ，「無料」が含まれている確率}}{\text{メールに「無料」が含まれている確率}}$$

$$= 0.12 \div 0.14 \fallingdotseq 0.857\ (= 85.7\%)$$

答えは，**約85.7%です！**
でも，85.7%ってずいぶん高いですね！

よくできましたね！
もともと，届いたメールが迷惑メールの確率は60%でした。**ここに「無料」という単語が含まれている，という条件がつくことで，85.7%まで確率が上昇したんです。**
このような計算をたくさんの単語で行って，「迷惑メールである確率」が基準値以上なら，そのメールは自動的に迷惑メールと判断され，仕分けされることになります。

毎日使っているメールソフトにも，そんな確率の計算がひそんでいたんですね。
確率ってすごい！

精度99%の検査で陽性。本当に陽性の確率はそんなに高くない

さてさて，どんどん条件つき確率の計算をやっていきましょう。次のテーマは**ウイルスの感染検査**です。

お，これまた身近なテーマですね。

次のような問題を考えてみましょう。

問題

新型のウイルスが発生し，現在１万人に１人の割合で感染しています。心配になったあなたは，このウイルスの感染検査を受けにいきました。

すると医者から「この検査の精度は99%であり，誤った判定が出る可能性はわずか1%です」という説明を受けました。

そしてあなたの検査の結果は，不幸にも「陽性（感染している）」でした。さて，この時点であなたが感染している確率はいくらでしょうか？

あらら，精度99％の検査で陽性なんだから，99％の確率で感染してしまっていますね……。

普通はそう考えてしまいますよね。
ところが，感染している確率は99％ではない！

えぇー，なぜですか!?

具体的に計算していきましょう。
たとえば，100万人がこの検査を受けたとして，感染者数を求めてみます。
まず，ウイルスの感染率は1万人に1人なので，100万人中100人が感染者です。
精度99％の検査では，100人の感染者のうち，平均して99人を正しく陽性と判定するでしょう。

逆に考えると，**感染者100人のうち1人が，「感染者なのに陰性」と判定されてしまうわけですね。**

そうです。これを偽陰性といいます。
一方で，100万人の中の非感染者の数は，100万人－100人（感染者）＝99万9900人です。
精度99％の検査は，99万9900人の99％にあたる98万9901人を，正しく「陰性」と判定するでしょう。
しかし，**1％にあたる9999人を，誤って「陽性」と判定してしまいます。**

精度99％の検査では，非感染者の人でも陽性と判定されてしまうことがあるわけですね。

そうです。これを「**偽陽性**」といいます。
計算をまとめると，陽性と判定された人の合計は，
99人（陽性）＋9999人（偽陽性）＝**1万98人**です。

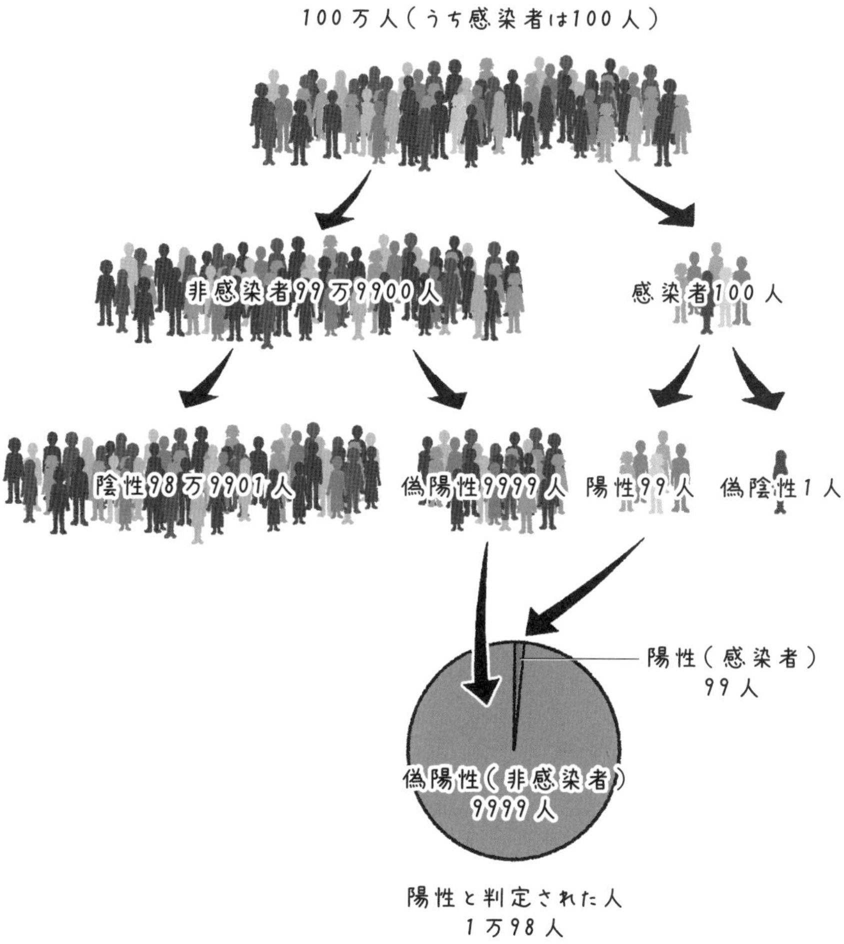

陽性と判定された人の中には，本当に感染している人と，偽陽性の人がいるんですね。
あれ？　偽陽性の人のほうがずいぶん多いですね。

そうなんです。実際に感染しているのは，陽性と判定された1万98人のうち，わずか99人に過ぎないのです。
これは，陽性と判定された人の約0.98％です。
つまり，この**精度99％の検査で「陽性」と判定されたとしても，本当に感染者である確率はたったの1%なんです。**

99%の精度の検査で陽性が出ても，感染していない確率のほうが圧倒的に高いんですね！
陽性だからって悲観しなくていいですね。

そうですね。
今回の問題では，検査を受ける前には0.01％（1万人に1人）だった確率が，「検査で陽性と判定された」という条件が加わったことによって，約1％（100人に1人）に増加したにすぎないわけです。

なるほど。でも，これじゃあ，自分が本当に感染しているのか，まったくわからなくないですか？

ええ，だから陽性が出た人を対象に，さらに別の検査を行う必要があるんですね。
ただし，この例のように**偽陽性となる人が，本当に陽性の人々よりも多くなってしまうのは，非常にめずらしい病気の場合だけです。**

もし半数の人が感染しているような病気について，100万人に精度99%の検査を行うと，偽陽性と判定される人は5000人，本当に陽性の人々は49万5000人となり，後者が多数派になります。

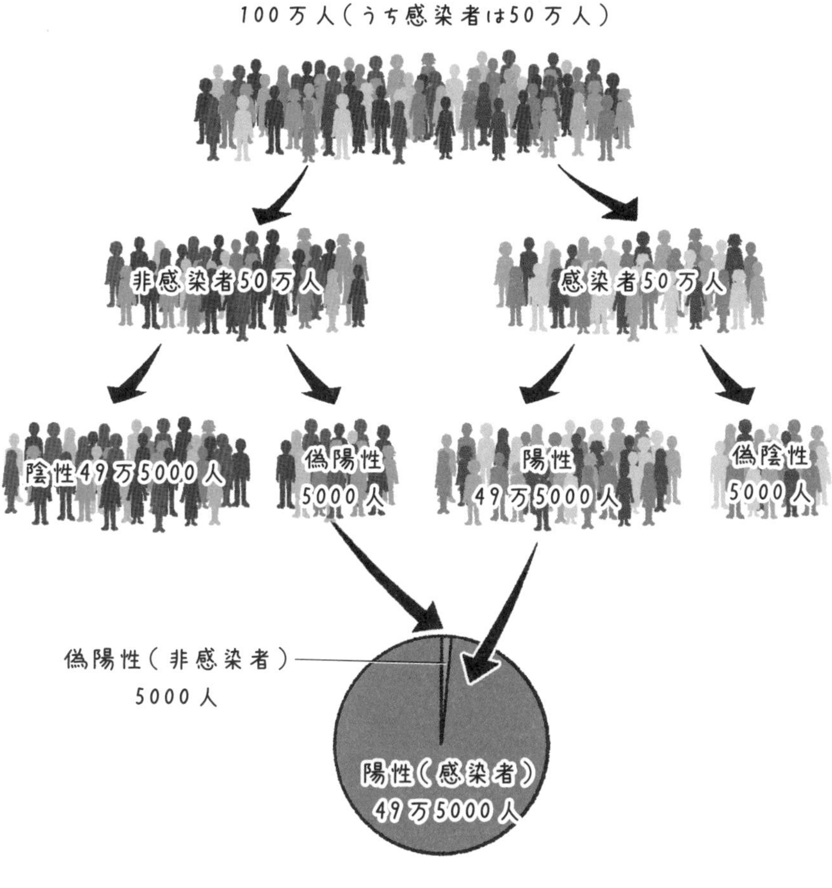

そうか，同じ「精度が99％」の検査であっても，**「病気がどれくらいめずらしいか」によって，偽陽性と陽性の人の割合は大きく変わるのですね。**

そういうことです。
さて，せっかくなので，これらのケースを，「条件つき確率の公式」にあてはめて計算してみましょうか。
さて，計算結果は同じになるでしょうか？

うーん。まず計算のとっかかりがわかりません。

まず，**1万人に1人が感染する病気**を考えましょう。
「検査が陽性のときに，感染している確率はいくらか？」という問題ですね。

そういうことか。えーっと，条件つき確率の公式で考えると……

検査が陽性のときに，感染している確率

$$= \frac{\text{感染していて，かつ陽性が出る確率}}{\text{検査結果が陽性の確率}}$$

まずは分子の「**感染していて，かつ陽性が出る確率**」を考えてみます。
えーっと……。

これは**感染者である確率**と，**感染者に検査で陽性が出る確率**をかけあわせることで求められますね。

そっか！　計算してみます。

・感染者である確率$=\dfrac{1\text{人}}{1\text{万人}}\left(=\dfrac{1}{10000}\right)$

・感染者に検査で陽性が出る確率$=99\%\left(=\dfrac{99}{100}\right)$

→ 感染者かつ陽性が出る確率

$$=\frac{1}{10000}\times\frac{99}{100}=\frac{99}{1000000}$$

いいですね。じゃあ**分母**は？

分母の「検査結果が陽性の確率」は，**感染者かつ陽性が出る確率**と，**非感染者かつ陽性が出る確率**を足し合わせればいいと思います！
感染者かつ陽性が出る確率は，今計算した$\dfrac{99}{1000000}$ですよね。
非感染者かつ陽性が出る確率も同じように考えますね。

・非感染者の確率 $= \dfrac{9999\text{人}}{1\text{万人}} \left(= \dfrac{9999}{10000}\right)$

・非感染者に陽性が出る確率 $= 1\% \left(= \dfrac{1}{100}\right)$

→ 非感染者で陽性の確率

$$= \frac{9999}{10000} \times \frac{1}{100} = \frac{9999}{1000000}$$

あとは，感染者で陽性の確率と，非感染者で陽性者の確率を足し合わせれば**検査結果で陽性の確率**が出るはずです。

検査結果で陽性の確率

$$= \frac{99}{100000000} + \frac{9999}{1000000} = \frac{10098}{1000000}$$

これが先ほどの式の分母です！

おおーっ，もう普通の確率計算は完璧ですね。
では，今回の問題の答である，「検査が陽性のときに感染している確率」を求めてください。

計算式に入れてみます。

$$\text{検査が陽性のとき，感染している確率}$$
$$= \frac{\text{感染していて，かつ陽性が出る確率}}{\text{検査結果が陽性の確率}}$$
$$= \frac{99}{1000000} \div \frac{10098}{1000000} \fallingdotseq 0.98\%$$

ちゃんと「約0.98％」になった！

すばらしい！
では次は，「２人に１人が感染する病気」のケースも，ごく簡単に計算しておきましょう。
一から計算するのも面倒なので，265ページのイラストに出ている数値を使いましょう。
このケースの確率も，同じ方法で求められます。

検査が陽性のとき，感染している確率

$$= \frac{\text{感染していて，かつ陽性が出る確率}}{\text{検査結果が陽性の確率}}$$

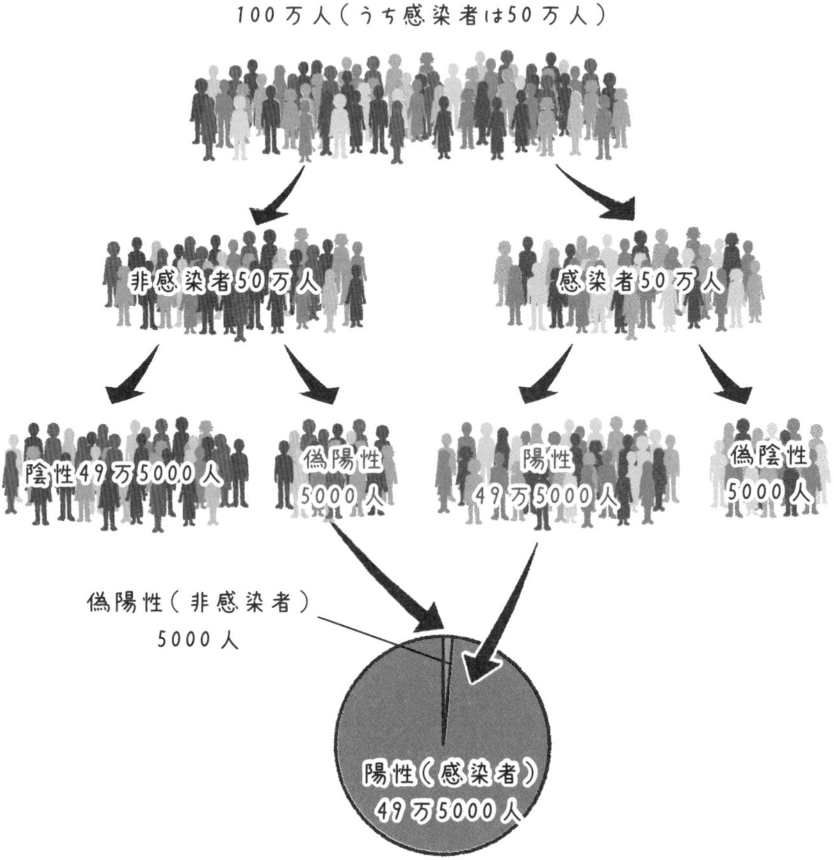

まず分子にくる「感染していて，かつ陽性が出る確率」は，図から，$\dfrac{49万5000}{100万}$ だとわかります。
さらに，検査結果が陽性の確率は，

$$\frac{5000}{100万}+\frac{49万5000}{100万}=\frac{50万}{100万}$$

です。
そのため，求める確率は次のようになります。

検査が陽性のとき，感染している確率

$$=\frac{感染していて，かつ陽性が出る確率}{検査結果が陽性の確率}$$

$$=\frac{49万5000}{100万}\div\frac{50万}{100万}=0.99=99\%$$

というわけで，「2人に1人が感染する病気」の場合は，検査が陽性のとき，本当に陽性者の確率は，**99%**となります。

先生，さっきの1万人に1人の病気のときも，図から数値を読み取れば楽だったのでは？

まぁその通りですけど。練習ですからネ！

ぷー。

数多くの数学者を悩ませたモンティ・ホール問題

ここから2題，条件つき確率を使った，とくに面白い問題を紹介しましょう。まずはじめに紹介するのは，**モンティ・ホール問題**というものです。

問題

豪華賞品がもらえるゲームで，挑戦者の前には3枚のドアA，B，Cがあります。賞品はどれか一つのドアの向こうにあり，残り二つのドアははずれです。司会者はあたりのドアがどれか知っていますが，挑戦者は当然知りません。

挑戦者はドアAを選びました。

すると司会者が，残された2枚のドアのうち，ドアBを開けて，それがはずれであることを挑戦者に見せました。司会者は挑戦者に「ドアAのままでも結構ですが，ドアCに変更してもかまいません」ともちかけました。挑戦者はドアを変更すべきでしょうか？

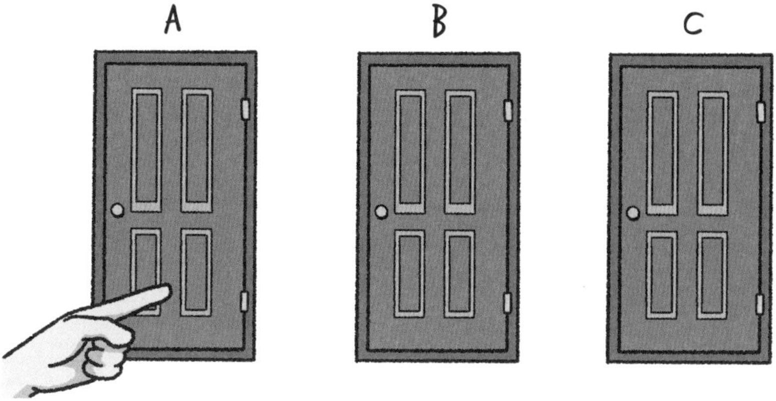

「ドア B ははずれ。
ドア A のままでも結構ですが，ドア C に変更してもかまいません。どうしますか？」

えーっ！
そんなこといわれてもなぁ～！
うーん，どっちなんだろう。迷うなぁ。でも私なら直感を信じて，そのままで！

この問題は，条件つき確率の“**難問**”として知られています。1960年代のアメリカのクイズ番組で実際に行われていたんですよ。
ドアの前にヤギがいたらはずれです。

ヤギ！笑

ちなみに**モンティ・ホール**は，そのクイズ番組の司会者の名前です。
モンティ・ホール問題で，ドアを変更すべきかすべきでないか，確率を考えると答が出せます。

やっぱり確率！
どのように考えればいいんでしょうか？

この問題では，あなたは**A**のドアを選びます。そのあと，司会者は，はずれである**B**のドアを開けました。
残る選択肢は**AとCの2択**です。

ということは，AもCもあたる確率は$\frac{1}{2}$じゃないんですか？　ドアを変えても変えなくても，あたる確率は変わらない気がするんですけど。

そう思いますよね。

ところが，ちがうんです！

次の円グラフを見てみてください。まず，司会者がBのドアを開ける条件がつけられる前は，Aがあたりの確率は$\frac{1}{3}$。Aがはずれの確率は$\frac{2}{3}$でした。

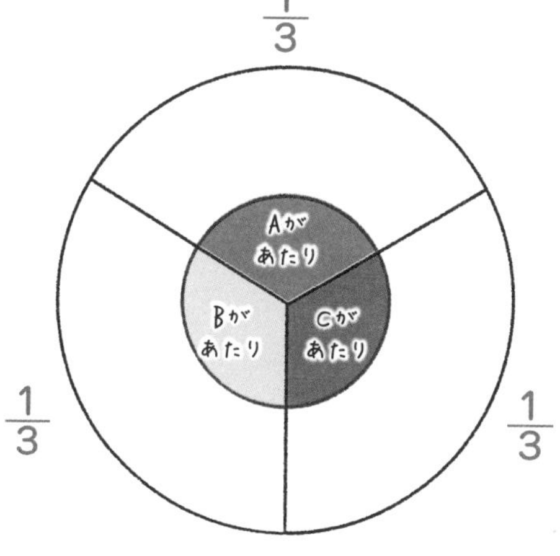

$\frac{2}{3}$の確率で，BかCのドアにあたりがあるんですね。

ここで挑戦者はAのドアを選んでいます。
このときに，もし**Aがあたりの場合**，司会者は$\frac{1}{2}$の確率で，BかCのどちらか一方を開けて，もう一方を残します。
また，もし**Bがあたりの場合**，司会者はCを開けてBを残します。
そして**Cがあたりの場合**はBを開けてCを残します。

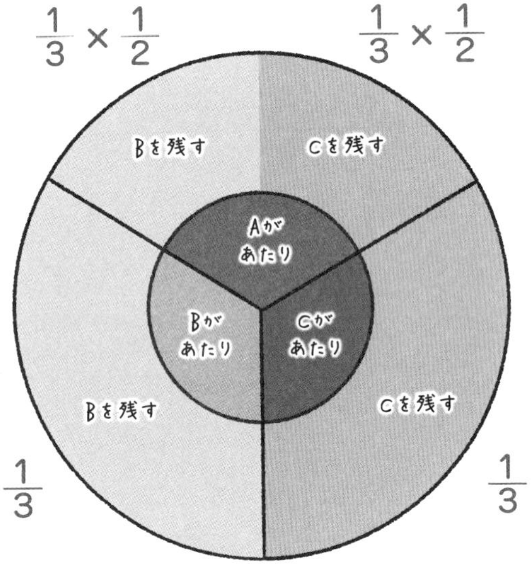

ふむふむ。
そしてこの問題では，司会者は**Bを開けてCを残したん**ですよね。

そうです。司会者はBのドアがはずれであることを教えてくれました。
するとBを残すという場合が**除外**され，Cを残した場合だけを考えればよくなります。

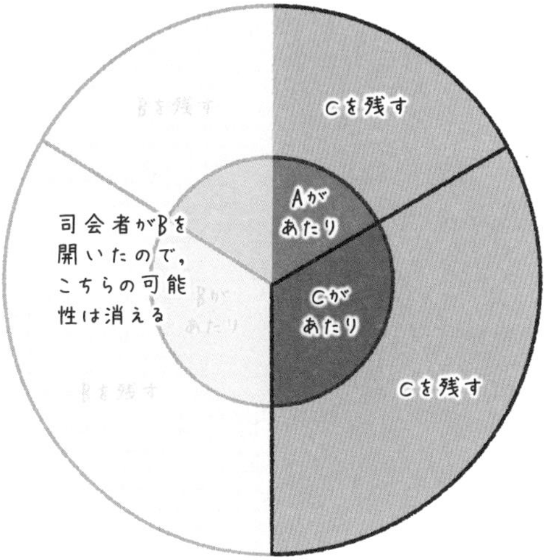

円グラフを見てください。
Bを残す場合を除外すると，Aがあたりの確率は$\frac{1}{3}$。
Cがあたりの確率は$\frac{2}{3}$です。

Cのほうがあたる確率が高い!!

そうなんです。
つまり，AからCに変えると，あたる確率が$\frac{1}{3}$から$\frac{2}{3}$へと2倍に上昇するんです。

あたる確率が2倍に！
これは変えないと損ですね！
でも，なぜドアを変えたほうが確率が高くなるんだろう。ちょっと納得できません。

では，ドアの枚数を変えて，次のような極端な状況を考えてみてください。
「ドアが**100万枚**あるとします。挑戦者がドアAを選ぶと，司会者はドアA以外の，99万9998枚のはずれのドアを開いて見せ，Aのほかに，もう一つドアが残されました。このとき，**最初に選んだAのドア**と，**99万9999枚の中から残された一つのドア**は，どちらがあたる確率が高いでしょうか？」

あぁーっ！
たしかに，このときは圧倒的にドアを変えたほうが有利だと思います！
というかほぼ，残されたドアがあたりでしょう！

そうなんです。ドアが増えた場合で考えるとわかりやすいでしょう。トランプなどを使って**実験**してもいいですね。問題と同じ条件にして，選択を変えない場合と選択を変更する場合とで繰り返し試してみて，結果を比較すれば，変更した場合のほうがあたる確率が高くなるはずです。

そういえば，最初にこれは**条件つき確率の難問**だっておっしゃっていましたね。
どこが条件つき確率なんですか？

この場合，次のように考えられるわけです。
「司会者がCのドアを残したときに，Aがあたりの確率は？」
これを公式で考えると次のようになります。

$$\text{司会者がCのドアを残したとき，Aがあたりの確率} = \frac{\text{司会者がCを残す，かつ，Aがあたりの確率}}{\text{司会者がCを残す確率}}$$

先ほどの円グラフを見ると，司会者がCを残すかつ，Aがあたりの確率は$\frac{1}{6}$です。

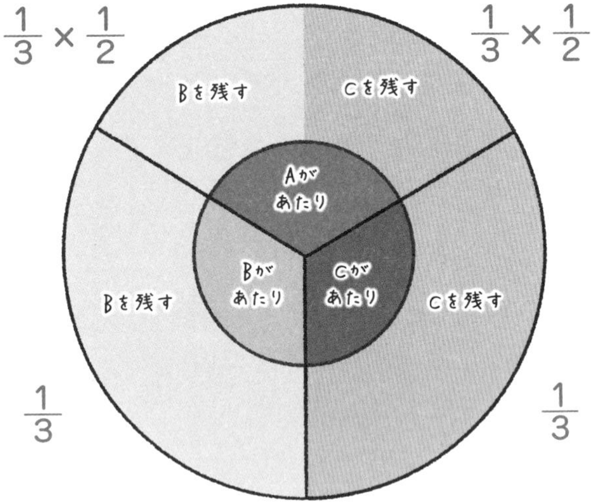

また，司会者がCを残す確率は$\frac{1}{2}$です。
これを計算式にあてはめます。

司会者がCのドアを残したとき，Aがあたりの確率

$$= \frac{\text{司会者がCを残す，かつ，Aがあたりの確率}}{\text{司会者がCを残す確率}}$$

$$= \frac{1}{6} \div \frac{1}{2} = \frac{1}{3}$$

なるほど。ちゃんと$\frac{1}{3}$になりましたね。

ドアが増えたときも簡単に考えてみましょう。
同じように次の問題を解いてみてください。

問題

ドアがA～Eの5枚あるとき，挑戦者はAを選びました。

すると司会者はAとEを残してあとは外れであることを示しました。さて，Aがあたりである確率は？

えーっと……。
何かヒントを～。

さっきみたいに図にえがくとわかりやすいかもしれませんね。まず，司会者がドアを開ける前，A～Eがあたりの確率は，それぞれ$\frac{1}{5}$ずつです。

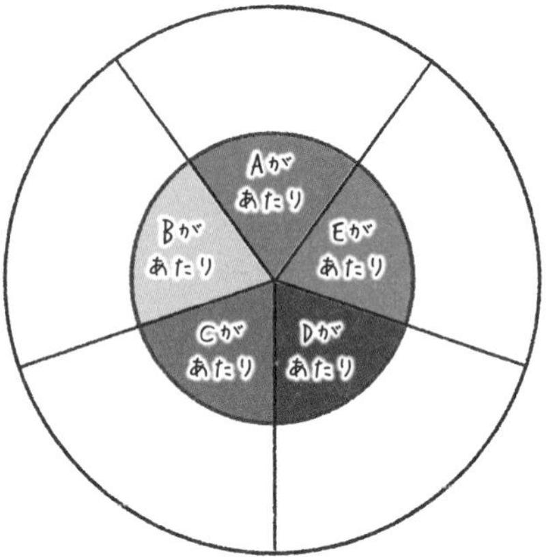

挑戦者はAを選んだわけなので，このときにAのほかに残されるドアと確率は次のようになります。

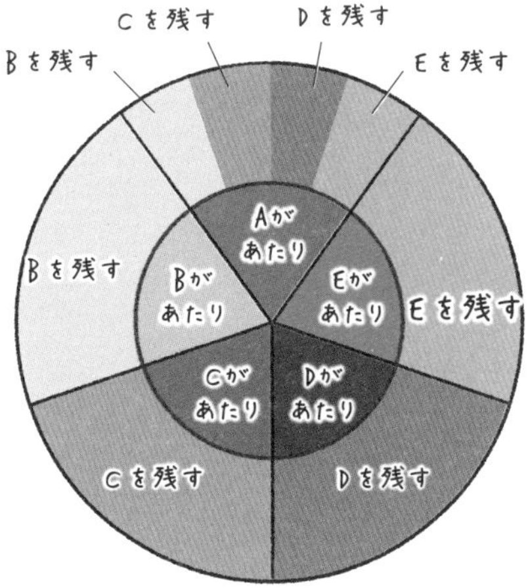

このうち，司会者はEを残したわけですね。

そうです。すると，それ以外の場合は考慮しなくてよくなります。

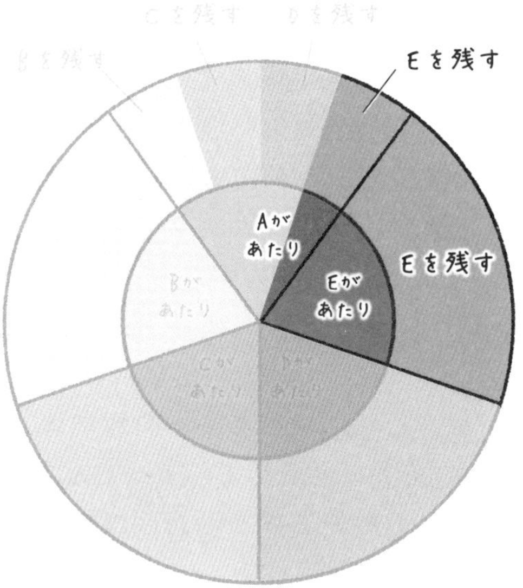

この図からEを残したときだけを考えると，Aがあたりの確率は，$\frac{1}{5}$とわかります。

つまり，$\frac{4}{5}$の確率でEが正解ということですね。
ドアを変更したほうが**4倍**も確率が高くなるのか。

そうです。
ドアの枚数が増えれば増えるほど，司会者が残したドアに変更しほうがあたる確率はどんどん高くなります。

しかし，**直感って外れるものですね～！**
なかなか判断がむずかしい問題でも，確率で考えると，合理的な判断ができるという，いい例！

そういうことです。
ところで，この3枚のドアを使ったモンティ・ホール問題に，はじめて明確な答を出したのは，史上最もIQの高い女性といわれた，**マリリン・ヴォス・サヴァント**(1946～)といわれています。
1990年，彼女はある雑誌で，読者からの質問を受けて「ドアを変えるとあたる確率は$\frac{1}{3}$から$\frac{2}{3}$に上昇する」と答えたんです。

天才！

しかし，これに対して多くの数学者が誤りであると非難し，**大論争**に発展してしまったんですよ。
サヴァントもさまざまな証明で対応しましたが，議論はおさまりませんでした。

どうやって正しい答えが受け入られたんですか？

サヴァントは，学校の教師たちに，授業で**実験**するように促したんです。多くの学校がこれに応じて実験を行いました。
すると，サヴァントが主張した通り，ドアを変えるとあたる確率が$\frac{2}{3}$になることが明らかになったんです。

実験って大事ですね！

さらにその後，研究機関で**コンピューターによる検証**が行われ，サヴァントが正しかったことが証明されたのです。

モンティ・ホール問題は，数学者も悩ます超難問だったわけですね。
それじゃ，私がわからないのも**当然ですね！**
モンティ・ホール問題，単純なのに，深いなぁ。

3囚人問題に挑戦！

最後に紹介するのは**3囚人問題**などとよばれている問題です。

問題

凶悪な犯罪グループの3人（犯人A，B，C）が逮捕されました。3人は，これまで数々の凶悪犯罪を重ねてきたため処刑されることになりました。ただし，3人とも処刑すると，盗んだお宝の隠し場所を知る者がいなくなってしまいます。そこで，3人のうち2人は処刑され，1人は宝の隠し場所を教えることを条件に釈放されることになりました。

3人のうち誰が釈放されるかは，すでにくじ引きで決めてあるといいます。しかし，犯人たちは釈放されるのが誰であるかを知りません。この場合，犯人Aが釈放される確率は $\frac{1}{3}$ のはずです。

犯人Aは，看守に「おれは処刑されるのか？」とたずねました。しかし看守は「それは秘密だ」と答えるのみでした。

そこで犯人Aは看守に，「3人中2人は処刑されるのだから，犯人Bと犯人Cのうち少なくとも1人は処刑されるはずだ。その1人をおれに教えても，おれ自身が処刑されるかどうかはわからないはずだ。だからせめてB，Cのどちらが処刑されるかを教えてくれ」といいました。すると看守は，「Bは処刑される」と答えました。

犯人AはBが処刑されることを知り，処刑されるのは犯人AかCのどちらか1人，つまり犯人Aが釈放される確率$\frac{1}{3}$から$\frac{1}{2}$になったと喜びました。はたしてこの解釈は正しいでしょうか？

なかなかの長文問題でしたね。
なんとなく，さっきの「モンティ・ホール問題」に似ているかな。

そうですね。これも条件つき確率の問題の一種です。

さっぱりわかりません。

先ほどのモンティ・ホール問題と同じように考えていきましょう。まず，何も情報がない場合，犯人A，B，Cが釈放される確率はそれぞれ$\frac{1}{3}$**ずつ**です。

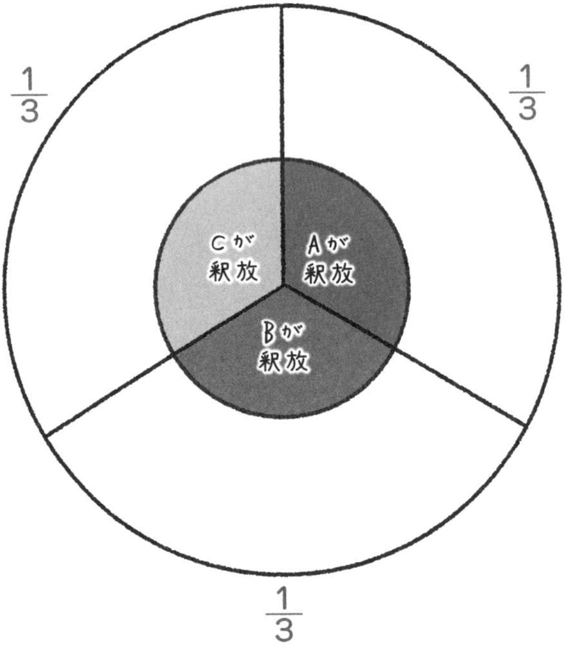

そしてもしも**犯人Aが釈放される身**であった場合，BとCは2人とも処刑されます。したがって，このときに看守が犯人Aに**「Bは処刑される」**という確率と，**「Cは処刑される」**という確率は同じで**$\frac{1}{2}$ずつ**です。

ふむふむ。

次にBが釈放される場合を考えます。看守はAとは答えられないので，「Cが処刑される」と答えます。
Cが釈放される場合も同じで，看守は「Bが処刑される」としか答えられません。
これらの状況を円グラフにまとめると次のようになります。

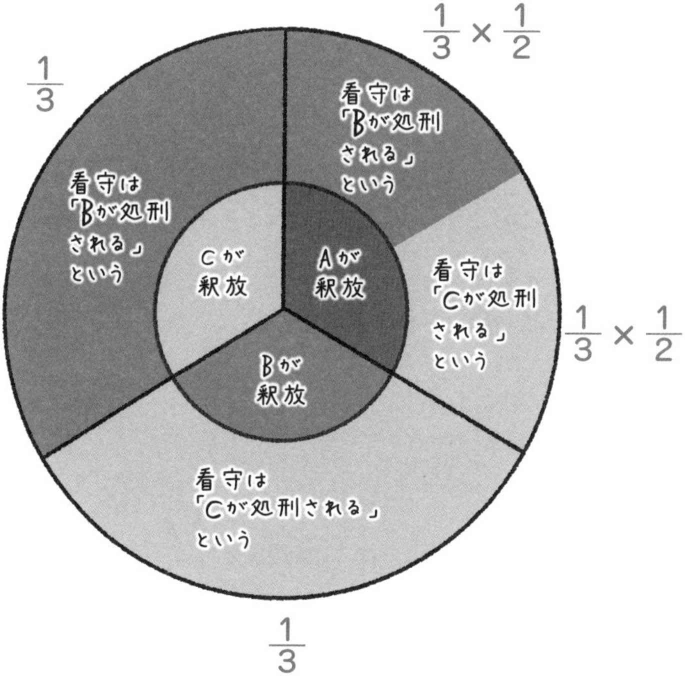

今回の場合は，看守は犯人Aに「Bが処刑される」といったんですよね。ということは……。円グラフの左上の部分ですね。

そうです。
Bが処刑される，といった時点で「Cが処刑される」と看守がいった場合を考慮しなくてよくなります。

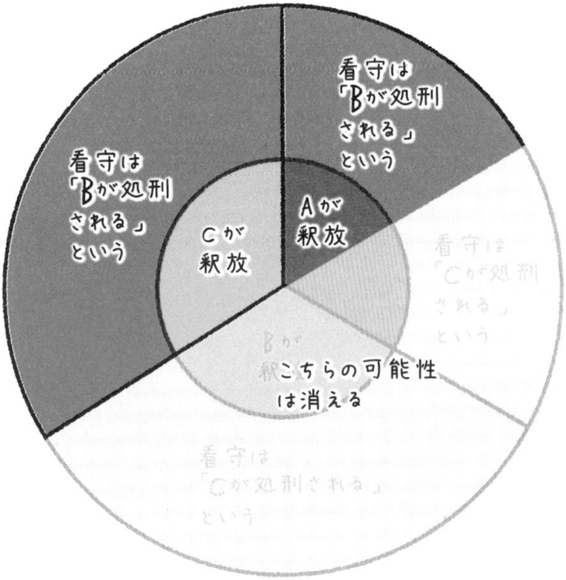

この円グラフを見ると，看守が犯人Aに「**Bが処刑される**」と教えるパターンは，**Cが釈放の場合のすべてと，Aが釈放の場合の半分であることがわかりますね。**

あぁっ!! ということは，この中で見ると，Aが釈放される確率は$\frac{1}{3}$！　逆にCが釈放される確率は$\frac{2}{3}$です。

正解です！

結局，Aが釈放される確率は，「Bが処刑される」と聞いても$\frac{1}{3}$**のまま変わらないんですね。**

そうなんです。
その一方で，おもしろいことに，Cが釈放される確率は**変化**するんですよ。
「Bが処刑される」とAが聞く前は，Cが釈放される確率は，$\frac{1}{3}$でした。
しかし「Bが処刑される」とAが聞いたあとは，Cが釈放される確率は$\frac{2}{3}$**に上昇**します。

おっ，本当だ。
釈放される確率が**2倍**になったんですね。

ただ，この問題のルール上，Cがこのことを知ることはできないんですけどね。

そっか，Aがこれを聞くっていうのが重要なんですね。

さて，一応，この問題を条件つき確率の公式でも考えておきましょう。
今回の問題を条件つき確率の式にあてはめると次のようになります。

看守がAに「Bが処刑される」といったとき，Aが釈放される確率

$$=\frac{\text{看守が「Bが処刑される」という，かつ，Aが釈放される確率}}{\text{看守が「Bが処刑される」という確率}}$$

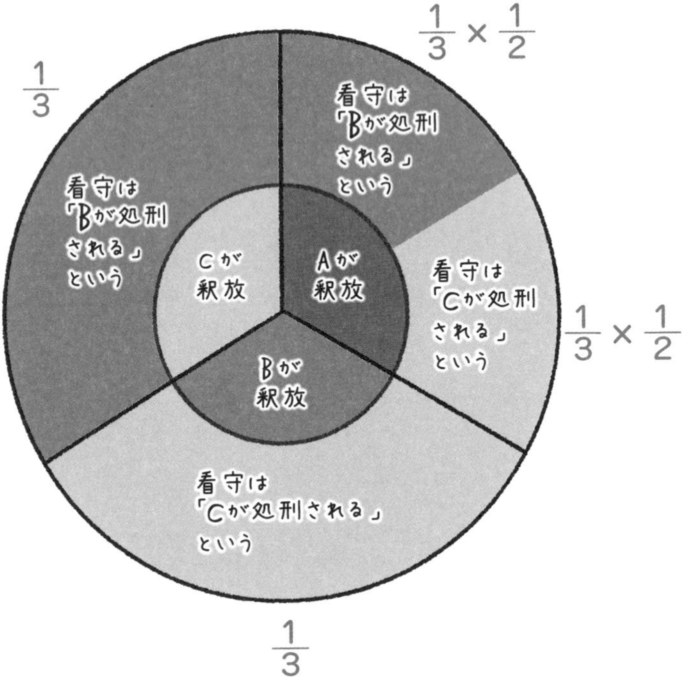

グラフの数値をあてはめて，計算してみてください。

まず，分子は，円グラフの右上の領域ですね。
$\frac{1}{3}\times\frac{1}{2}=\frac{1}{6}$です。
そして分母は，看守が「Bが処刑される」という確率だから，円グラフの半分。ということは，$\frac{1}{2}$です。
なので……。

看守がAに「Bが処刑される」といったとき，Aが釈放される確率

$$=\frac{\text{看守が「Bが処刑される」という，かつ，Aが釈放される確率}}{\text{看守が「Bが処刑される」という確率}}$$

$$=\frac{1}{6}\div\frac{1}{2}=\frac{1}{3}$$

やっぱり$\frac{1}{3}$！

さっき求めた通りになりましたね。

囚人Aが，自分が釈放される確率が上がったと喜んだのは，**ぬか喜び**だったわけか……。

そういうことになりますね……。
さて，条件つき確率をある程度考えられるようになったところで，この本の確率はおしまいです！
お疲れさまでした。

身近にひそむ統計的確率からはじまって，確率論の基本と歴史，そしてパズルのような条件つき確率の問題。
とても盛りだくさんの内容でした。
明日から，直感にたよる前に，いろいろな物事を確率で考えることができそうな気がします。

確率はまだまだ奥が深いですから，もし興味がわいたら，ほかのいろいろな本にも挑戦してみるといいと思いますよ。

はい！
先生，どうもありがとうございました！

偉人伝⑤

ベイズの統計の生みの親, トーマス・ベイズ

「ある結果が得られたときに，その原因を数学的に推定する。」その手法が，18世紀のイギリスの数学者，トーマス・ベイズ（1702～1761）に起源をたどる「ベイズ統計」です。条件つき確率を基礎としたベイズ統計は，人工知能や迷惑メールの判別など，さまざまな技術に欠かせないものとして，近年，注目を集めています。

トーマス・ベイズの生い立ちはあまりよく知られていません。イギリス，エディンバラ大学で神学と論理学を学んだことは知られているものの，ベイズがどこで数学の教育を受けたのかは，はっきりしていません。

死後に発表されたエッセイ

ベイズの本職は，数学者ではなく，牧師でした。しかし，1742年に王立協会会員（フェロー）に選ばれるなど，かなり高いレベルの数学の研究を行っていたようです。

ベイズは生涯に二つの論文を発表しています。一つは神学に関するもので，もう一つはニュートンの微分積分に関するものです。ベイズの名を有名にする論文は，彼の死後，友人によって公表されました。それが，『偶然論における問題の解決に向けたエッセイ』です。このエッセイの中に，今日「ベイズの定理」とよばれるベイズ統計の基礎となる定理が記されていたのです。

このエッセイは，フランスの数学者ピエール＝シモン・ラプラス（1749～1827）の目にとまりました。ラプラスは，

ベイズの定理を発展させ，広く世に知らしめました。

強い非難を浴びたベイズ統計

ベイズ統計には「主観」を情報として使うことを認めるなどのあいまいさがあるため，いわゆる伝統的な統計学の研究者からは「厳密さを欠く数学」として強い非難を浴びました。そのあいまいさこそが広い応用範囲につながる長所であると認識されるようになったのは，ようやく20世紀に入ってからです。こういった歴史的経緯から，ベイズ統計は新しい統計学とされています。

確率の重要公式集

数学的確率

$$確率 = \frac{求める場合の数}{おこりうるすべての場合の数}$$

独立事象の乗法定理

事象Aと事象Bがおたがいのおこりやすさに影響をあたえない(独立である)とき，AとBがともにおこる確率は，次のようにかけ算(乗法)であらわせます。

AとBがともにおこる確率
＝Aがおこる確率×Bがおこる確率

加法定理

事象Aと事象Bが同時におこらない(排反である)とき，AまたはBがおこる確率は，次のように足し算(加法)であらわせます。

AまたはBがおこる確率
＝Aがおこる確率＋Bがおこる確率

余事象

「Aがおこらない」という事象のことを，Aの余事象といいます。

Aの余事象の確率
＝1－Aがおこる確率

順列

n 個の中から r 個を選んで順番に並べるときの場合の数を「順列」といいます。

n 個から r 個を選んで並べる順列

$$= {}_nP_r = \underbrace{n \times (n-1) \times (n-2) \times \cdots\cdots \times (n-r+1)}_{r\text{個}}$$

組み合わせ

n 個の中から r 個を選ぶときの場合の数を「組み合わせ」といいます。順列とちがい，順番は関係ありません。

$$n\text{個から}r\text{個を選ぶ組み合わせ} = {}_nC_r = \frac{{}_nP_r}{r!}$$

期待値

おこりうるすべての事象 1 ～ n について，それぞれの事象がおきる確率（P_1～P_n）と，その事象がおきたときに得られる値（X_1～X_n）をかけ，それらをすべて足し上げたものを「期待値」といいます。

$$\text{期待値} = P_1 \times X_1 + P_2 \times X_2 + \cdots\cdots + P_n \times X_n$$

条件つき確率

ある事象 B がおこったときに，別の事象 A がおこる確率を，「条件つき確率」とよびます。

B がおこったという条件のもとで，A がおこる条件つき確率

$$= \frac{A\text{かつ}B\text{がおこる確率}}{B\text{がおこる確率}}$$

索引

か

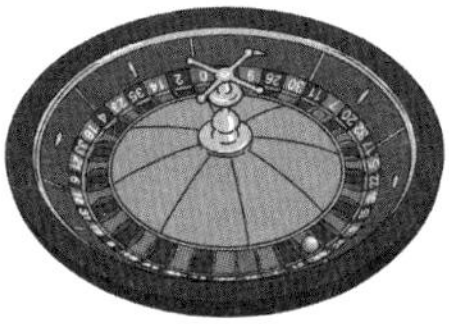

さ

た

な

は

ま

や

ら

シリーズ第８弾!!

東京大学の先生伝授

文系のためのめっちゃやさしい虚数 i

2021年7月上旬発売予定　A5判・304ページ　本体1650円（税込）

「2乗するとマイナスになる数」。それが虚数です。中学校までに習う“普通の数”の中には，そのような数はどこにも見当たりません。しかしそんな“本来存在しないはずの数”が，現代文明や科学に大きな発展をもたらしてきました。

たとえば，ミクロな世界を解き明かす「量子力学」という物理学の分野では，虚数の計算が欠かせません。さらに，私たちがくらす宇宙では，誕生時に「虚数時間」というものが流れていた，という理論も提案されています。

本書では，虚数について，生徒と先生の対話を通してやさしく解説します。虚数の不思議さ・面白さに，本書を通して触れてみてください。お楽しみに！

主な内容

プロローグ

これが虚数だ！

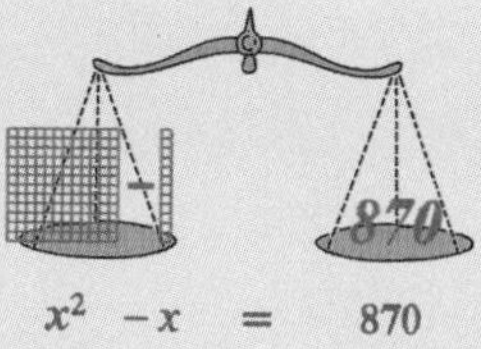

虚数への道のり

虚数以前に生まれたさまざまな数
虚数の誕生

虚数と複素数を計算してみよう！

虚数を数直線であらわそう！
回転すれば，かけ算ができる！

現代科学と虚数

物理学には虚数が欠かせない
世界一美しいオイラーの数式

Staff

Editorial Management 木村直之
Editorial Staff 井上達彦，宮川万穂
Cover Design 田久保純子

Illustration

表紙カバー 松井久美
表紙 松井久美
生徒と先生 松井久美
4 Newton Press，松井久美
5-8 松井久美
9~11 Newton Press
13~18 松井久美
20~23 Newton Press
25~29 松井久美
31 Newton Press
32 松井久美
34 Newton Press
37 松井久美
39 Newton Press
40~41 松井久美
42~44 Newton Press
45~47 松井久美
49 松井久美
50 Newton Press
51~53 松井久美
56 Newton Press
57~59 松井久美
60~62 Newton Press
65~81 松井久美
83 Newton Press
84~88 松井久美
89 Newton Press
90 松井久美
94~99 Newton Press
100~110 松井久美
111 Newton Press
113~117 Newton Press，松井久美
119~136 松井久美
139 羽田野乃花
140~147 松井久美
151 岡田悠梨乃，松井久美
152~155 松井久美
156 Newton Press
161 松井久美
163 Newton Press
165 松井久美
167 Newton Press，松井久美
168~188 松井久美
189 Newton Press
191~199 松井久美
200 Newton Press
201~226 松井久美
211 Newton Press
212 松井久美
213 Newton Press
214~218 松井久美
222~223 Newton Press
226 松井久美
227 Newton Press
228~232 松井久美
233~236 Newton Press
237 松井久美
238~241 Newton Press
242~254 松井久美
256 Newton Press
257~274 松井久美
275 Newton Press，松井久美
276 Newton Press
277 Newton Press，松井久美
280 Newton Press
281 松井久美
282 Newton Press，松井久美
283~285 松井久美
286~287 Newton Press
288~301 松井久美
302~303 Newton Press，羽田野乃花

監修（敬称略）：
倉田博史（東京大学教養学部教授）

東京大学の先生伝授
文系のための めっちゃやさしい
確 率

2021年6月25日発行

発行人 高森康雄
編集人 木村直之
発行所 株式会社 ニュートンプレス 〒112-0012 東京都文京区大塚3-11-6
https://www.newtonpress.co.jp/

ISBN978-4-315-52389-8